AF329431

EXPOSITION

DES MINES.

EXPOSITION
DES MINES,

OU

DESCRIPTION

DE LA NATURE

ET DE LA

QUALITÉ DES MINES:

A LAQUELLE

On a joint des Notices sur plusieurs Mines d'Allemagne & de France ; & une Dissertation pratique sur le traitement des Mines de cuivre, traduite de l'Allemand, de M. Cancrinus,

Par M. MONNET.

A LONDRES;

Et se trouve à PARIS,

Chez P. Fr. Didot le jeune, Libraire de la Faculté de Médecine de Paris, Quai des Augustins. Edme, Libraire, rue Saint-Jean de Beauvais, près de la rue des Noyers.

M. DCC. LXXII.

TABLE DES MATIERES

Contenues dans ce Volume.

a iij

Fin de la Table.

PRÉFACE.

PRÉFACE.

Une exposition exacte & suc-
cincte de la nature & de la qualité
des mines me paraissait de quelque utilité ; car depuis que je suis
entré dans la carriere minéralogique, les descriptions de mines,
qu'on trouve dans les ouvrages
de minéralogie, ne m'ont paru
ni exactes, ni même sures ; rien
en effet n'y est plus confus &
plus négligé que la partie des
mines : il semble que cette partie
exige des hommes particuliers ou
appliqués simplement aux mines.
La même mine y est souvent rapportée & décrite sous plusieurs
especes, & même quelquefois
sous des genres différents. Un
mot particulier, ou une forme &
figure nouvellement observées,

A

ont fait souvent des especes ou des qualités différentes, pendant que la composition, sur laquelle doivent être nécessairement fondées les distinctions, n'était point différente entre elles. Mais comment cela pouvait-il arriver autrement, puisque ces Auteurs de minéralogie n'ont fait que se copier les uns & les autres, sans attacher souvent les mêmes idées aux mêmes dénominations, &, ce qui est encore plus mal, sans être familiers avec les choses qu'ils décrivaient. Je citerai pour exemple la mine d'argent grise, que les Allemands nomment *fahlerz*. Les uns ont décrit cette mine sous le nom de mine d'argent blanche, d'autres sous le nom de mine de cuivre blanche tenant argent ; & d'autres ont décrit cette espece de mine sous le nom de mine d'argent grise. Il est clair que celui qui est venu ensuite copier ces trois dénominations, n'étant pas en état de connaître si elles ne sont que la même, en a fait autant d'especes : de là il s'est établi trois especes d'une même.

C'est après avoir bien reconnu ces erreurs, & m'être bien familiarisé avec les mines , que j'ai cru devoir corriger cet abus, & réduire les mines à leur juste valeur : non que j'aye voulu être le Précepteur de ces Messieurs qui se désignent sous le nom de Naturalistes; ce n'est point pour eux que j'écris, mais pour les jeunes gens qui se destinent pour l'art des mines. Ce n'est point non plus que j'aye voulu fixer les especes à celles que je connaissais seulement , & avec lesquelles je me suis familiarisé. J'en ai adopté quelques-unes de M. Cronstedt (*) : mais, malgré la déférence que j'ai pour ce célebre Minéralogiste, je peux avoir tort de les avoir adoptées, & M. Cronstedt peut s'être trompé de même qu'un autre ; c'est pourquoi j'ai cru devoir les marquer par une étoile, afin qu'on soit à même

---

(*) Minéralogiste éclairé, que la mort à enlevé à la fleur de son âge, fort regretté en Suede sa patrie, & de ses Confreres en général. Je traduisis sa Minéralogie il y a quatre ans, & l'augmentai de beaucoup ; mais j'attendais pour la publier, que la nouvelle édition de cet ouvrage, que préparait alors M. Brinnich, Professeur de Minéralogie à Copenhague, parût, pour profiter de ses additions & remarques, si elles en valaient la peine. Peu de temps après j'appris, en Allemagne, qu'il paraissait en France une traduction de la Minéralogie de Cronstedt, d'après l'ancienne édition ; alors je tirai de mon ouvrage ce que j'y trouvai de meilleur pour en former un ouvrage particulier.

de diftinguer ce qui m'appartient en propre, de ce qui ne m'appartient pas. J'en ai agi de même toutes les fois que je n'étais pas certain d'une chofe rapportée par un autre.

A la fuite de cette expofition j'ai placé des confidérations générales fur l'état des filons, & fur la maniere dont les mines s'y trouvent; enfuite des notices fur les principales exploitations des mines d'Allemagne & de France. J'euffe bien voulu pouvoir être à même d'en donner fur toutes; mais la même défiance qui m'a fait tenir fur mes gardes quant à la defcription des efpeces de mines, m'a empêché de parler des exploitations fur lefquelles je n'ai point été. Ce n'eft que le réfultat de mes voyages, tant sur les mines d'Allemagne que sur quelques-unes de France (*). J'ai cependant, quant à ces dernieres, emprunté des secours étrangers; mais ce sont des récits fideles & surs, & faits par des personnes très instruites dans l'art des mines. Cette partie ne sera pas moins intéressante pour les Amateurs de la minéralogie; on y verra rapporté succinctement tout ce qu'il y a d'intéressant, tant dans ce qui concerne les filons, que sur la nature des mines qui s'y trouvent. Ce dernier

---

(*) J'eusse bien pu m'étendre davantage si j'avois voulu ; je n'avais qu'à employer les Mémoires en entier que j'ai dressés sur chacune de ces exploitations ; mais, outre que je serais sorti des bornes & du but de ce petit ouvrage, j'aurais été obligé d'employer des planches, qui m'auraient entraîné dans des dépenses bien au-dessus de mes moyens.

objet est le plus important de
cet ouvrage; car après avoir con-
sidéré les mines en général &
collectivement à l'exposition de
leurs especes, on les voit ici en
détail, & pour ainsi dire chacune
chez elle. C'est en quoi consiste,
il faut l'avouer, la partie la plus
importante du Minéralogiste, &
c'est même la plus nécessaire,
ainsi qu'on va le voir. Les mines, ainsi que les autres êtres qui
habitent ou qui composent notre globe, quoique de même espece, different néanmoins toujours par la forme & la figure, &
quelquefois même, quant à la
proportion de leurs parties constituantes, d'un pays à l'autre. Les
filons, par exemple, de basse Bretagne & ceux de La Croix en
Lorraine donnent bien de la

mine de plomb blanche , mais
on trouvera toujours une énorme différence entre elles : on en
trouvera de même entre le plomb
verd d'Offsgrund en Brifcau &
celui de La Croix en Lorraine.
Celui d'Offsgrund s'eft toujours
montré plus verd , & celui de La
Croix plus pâle & cryftallifé différemment. La mine d'argent
grife fe montre , à Sainte-Marie-
aux-Mines , toujours cryftallifée
triangulairement , ou en pyramides triangulaires , & celle du
Hartz , maffive & fans forme déterminée ; celle du Tirol & de
Giromani font fort fombres &
mêlées de beaucoup de fer ; &
celle de Ste. Marie & de Freudenftadt font plus claires , mais
auffi plus arfenicales , &c. Si je
voulais entrer dans le détail de

ces variétés, je serais obligé de m'étendre beaucoup au-delà des bornes que je suis obligé de me prescrire ici. Il est bon de remarquer que le Minéralogiste, à force de confronter ces mines, non seulement grave dans sa mémoire leurs traits & caractères distinctifs, en sorte qu'il les reconnaît aussi-tôt qu'il les voit, & les distingue les unes des autres; mais il sent aussi-tôt à-peu-près leur valeur intrinseque (*). Par là on voit non seulement la nécessité qu'il y a de voir plusieurs sortes de mines de même espece, de se familiariser avec elles, mais aussi d'apprendre leur pays & leur si-

----

(*) Nous disons à-peu-près; car, dans le même filon, on trouve souvent des variétés dans la même espece de mine : mais on y reconnaît toujours comme le fond du caractere.

A v

tuation , de les essayer soi-mê-
me , & de s'informer en même
temps de la maniere dont on les
traite ; car souvent la méthode
qu'on employe pour les traiter
est relative à leur état particulier (*). Mais de là on voit aussi
la nécessité qu'il y a de voir plusieurs cabinets, & de voyager sur
les exploitations des mines, ou au
moins de se procurer des échantillons de toutes celles qu'on exploite; ce qui, comme on le sait,
est fort difficile, sans parler qu'on
est sujet à être trompé. Il est
vrai que ces différences ne sont
point saisies aisément par tous
ceux qui s'appliquent à la con-

____

(*) Ce qui nous apprend à être circonspects
sur la condamnation qu'on est porté à faire
des méthodes établies ailleurs.

naissance du regne minéral : on
en voit même qui n'y font guere
attention. De la mine de plomb
ou de cuivre, de quelque pays
qu'elle vienne, est toujours pour
eux de la mine de plomb ou de
la mine de cuivre. Nous ne par-
lerons pas de ces demi-Savants,
de ces Amateurs qui ne sont frap-
pés que de ce qu'on appelle *du
beau*, des formes merveilleuses
ou extraordinaires, qui, inca-
pables de connaître le systême
minéralogique, ne se Jouent
qu'à sa surface ; qui, en voyant
un livre de minéralogie, n'y re-
connaissent qu'un catalogue.

On ne doit pas au reste s'atten-
dre à voir ici des détails chymiques ; un ouvrage de minéralogie
n'est point un ouvrage de chymie. Et quoique la minéralogie
s'aide de cette derniere science,

elle n'en est cependant pas entiérement dépendante. La minéralogie, en même temps qu'elle
s'occupe de la nature & de la
composition des corps, a pour but
aussi de connaître leurs caracteres, leur forme, figure, &, pour
ainsi dire, leur *allure*. C'est même cette derniere connaissance
qui est, il faut l'avouer, la partie la plus importante de cette
science. Car en vain s'appuye-
rait-on des plus grandes connais-
sances de la chymie ; si on n'a pas
fait l'étude dont nous parlons,
on ne sera jamais Minéralogiste
ou Naturaliste. On en voit tous
les jours la preuve dans l'ignorance que montrent même des
Chymistes instruits, lorsqu'on
leur présente des mines ; ils ne
sauraient en juger qu'ils n'ayent
auparavant fait dessus des ex-

périences convenables ; encore
ignorent-ils souvent la maniere
dont il faut s'y prendre; tandis que
le vrai Minéralogiste , en voyant
une mine , dira ce qu'elle est,
d'après son apparence , sa maniere d'être , sa couleur & sa
figure.

Enfin je souhaite que cet ouvrage remplisse le but que je me
suis proposé , qui est de fixer les
especes de mines, d'après leur
nature , leur caractere & leur
composition, & de présenter un
tableau sûr des mines à nos Minéralogistes & Mineurs Français,
& de leur être par-là de quelque
utilité.

C'est par ce même motif que
j'ai cru devoir ajouter à cet ouvrage la Traduction d'une Dissertation pratique sur le traitement des mines de cuivre. Cet
ouvrage , le meilleur qui ait paru

sur cet objet jusqu'à préfent en
Allemagne , n'eft point borné
fimplement au fujet qui fait fon
titre ; mais il peut être regardé ,
avec raifon, comme des Eléments
de la Métallurgie entiere ; en
forte que cet ouvrage joint à la
connaiffance des mines peut former un tableau fuccinct de la
fcience néceffaire à un Métallur-
gifte , ou à celui qui fe deftine à
l'exploitation des mines.

INTRODUCTION
A LA CONNAISSANCE
DES MINES.

SI on reſtreignait le nom de mines à celles ſeulement dans leſquelles les métaux ſont minéraliſés, c'eſt-à-dire combinés avec le ſoufre (*), le nombre en ſerait fort petit ou conſidérablement diminué ; mais on déſigne également par-là toutes ſubſtances minérales dans leſquelles les métaux n'ont point leur

----

(*) On doit ſe rappeller que dans ma Diſ-ſertation ſur la Minéraliſation, j'ai fait voir les raiſons pourquoi l'arſenic ne pouvait pas être admis comme minéraliſateur ; qu'étant uni naturellement avec les métaux, il n'avait point d'autre propriété que celle qu'ont toutes les ſubſtances métalliques, étant combinées les unes avec les autres.

forme métallique , ou ne font pas dans leur état de pureté. Mais comme les métaux y font différemment & fous des états différents , il convient auſſi d'établir des diſtinctions entre elles. C'eſt pourquoi nous établirons , 1°. les mines en chaux , qui font celles dans leſquelles les métaux , réduits à l'état de terre , font aglomérés & unis en maſſe : telles font les mines de fer , de plomb blanches ou vertes, & de zinc ; &c. 2°. Les mines minéraliſées métalliques , qui font celles dans leſquelles les métaux font fous leur forme métallique , unis & combinés avec le foufre ; ces mines font toujours brillantes , dures & cryſtallines : telle eſt la mine d'argent griſe , la pyrite , la mine de plomb, galene , &c. 3°. Mines fous la forme métallique non minéraliſées : telle eſt celle de cobalt blanche , & le miſpickel , qui ne font que des combinaiſons de l'arfenic ; la premiere avec le fémi-métal nommé cobalt , & fouvent

avec du fer en même temps; la seconde
avec le fer: ce sont, à proprement parler,
des especes de régules naturels. 4°. Mines minéralisées non métalliques ; ce
sont celles où le métal, sous la forme de
chaux, est combiné avec le soufre : il est
vrai que cette classe de mine s'est montrée jusqu'ici fort petite , cependant
on en a un exemple dans la mine d'argent rouge, dans l'orpiment ou le réalgar , dans la mine de cuivre vitreuse.
Mais , d'après ce que nous avons dit
dans notre Dissertation sur la minéralisation , & d'après les expériences que
nous y rapportons , qui constatent que
les chaux métalliques sont capables de
s'unir avec le soufre , il est aisé de voir
qu'il peut y en avoir d'autres que celles dont nous parlons , puisque nous
voyons que la nature nous présente
tous les états possibles où peuvent se
trouver les métaux.

Ordre de l'expofition des Mines.

Les métaux vierges que la Nature nous préfente, n'étant point, ni ne devant point être regardés comme mines, j'ai cru devoir les confidérer en particulier, & en former une claffe à part. Cette claffe eft divifée en deux, premiérement les métaux, fecondement les demi-métaux.

Vient enfuite la claffe des mines, divifée également en mines des métaux, & en mines des fémi-métaux.

EXPOSITION
DE LA NATURE
ET DE LA QUALITÉ
DES MINES.

CLASSE PREMIERE.
Des Métaux.

PREMIERE ESPECE.
O r.

LA nature nous présente beaucoup plus communément l'or sous sa forme métallique, que sous la forme minéralisée : jusqu'ici on a été même persuadé qu'il n'existait point de mines d'or, ou de l'or minéralisé, vu que ce métal ne s'unissait point au soufre. Mais enfin les nouvelles découvertes qu'on a faites depuis peu , ne permettent plus de révoquer en doute l'existence de pareilles mines , que nous exposerons en leur lieu & place.

L'or se trouve le plus souvent dans de la roche quartzeuse , grise ou grisâtre , ou cornée. Cette roche a toujours une apparence particuliere ; elle est ordinairement plus tendre que d'autres de cette espece , telle que celle des mines de Hongrie. M. Cronstedt dit qu'on le trouve aussi dans quelques pierres argilleuses , & dans la blende de corne. Ce qu'il y a de vrai , c'est qu'il affecte généralement d'être avec du quartz ou pierre quartzeuse : aussi découvre t-on souvent de l'or dans ces sortes de pierres , si on les pulvérise , & qu'on les passe à l'eau régale. On peut dire que toutes les rivieres dont l'origine est dans des montagnes quartzeuses ou graniteuses , roulent plus ou moins d'or (*). Mais, dans la plupart de

---

(*) Quelques-uns, comme M. Pailhès, pensent que l'or ne se trouve pas seulement dans les sables des rivieres , mais qu'il s'en trouve

ces rivieres , il est si fin & en si petite quantité , que souvent il n'est pas
possible d'en être dédommagé des frais.
En France il a y eu à ce sujet plusieurs
entreprises , mais elles sont toutes tom-
bées par cette même raison. Quoi qu'il
en soit , c'est dans les amas de sable
rougeâtre ou brun , en un mot , ferrugineux , où l'on peut espérer de trouver de l'or. Ce n'est point ici le lieu
d'exposer la maniere dont on obtient
l'or des sables des rivieres ; c'est dans
nos Eléments de Métallurgie qu'on
pourra voir ce travail en détail. Nous
remarquerons seulement que si on eût
fait l'entreprise d'exploiter les sables de
quelques rivieres des côtes de Guinée ,
comme on l'a fait sur beaucoup de sables de nos rivieres , on n'eût pas manqué de faire de bonnes affaires , l'observation nous ayant montré qu'ils sont
très riches en or.

___

aussi dans les terreaux, & dispersé dans les terres
de transport ; de sorte qu'on n'est pas toujours
bien fondé à regarder l'or des sables de rivieres
comme venant directement des montagnes.
Dans ce cas , l'origine de cet or devient un
problême très difficile à expliquer.

La plus grande partie de l'or qui eſt en Europe vient de l'Amérique, du Chili & du Pérou ; il en vient auſſi un peu d'Afrique. Entre les pays de l'Europe, la Hongrie eſt celui qui en fournit le plus. M. Cronſtedt dit qu'il y a des mines d'or de moindre conſéquence en d'autres pays, parmi leſquelles celle d'Ædelfors en Smoland doit être diſtinguée. On peut voir le détail que donne M. Lévis à ce ſujet dans ſes Expériences phyſiques & chymiques.

La nature préſente-t-elle de l'or abſolument pur ? c'eſt ce qui paraît n'être point décidé encore. Quelques Minéralogiſtes prétendent qu'il eſt toujours plus ou moins combiné avec de l'argent, de même qu'on prétend qu'il n'y a point d'argent naturel ſans or. S'il en faut croire M. de Juſti dans ſa Minéralogie, l'or vierge va rarement au-delà de 22 karats : d'autres prétendent que la poudre d'or d'Afrique, dans ſon état le plus pur, ne va pas au-delà de 23 karats.

L'or que l'on retire des ſables, ſelon Crammer, eſt toujours plus impur que celui que l'on trouve en maſſe dans les

mines : cependant on prétend que celui du Rhin est le plus pur de tous. Ce
qu'il y a de vrai , est que l'impureté de
l'or n'est point due toujours à l'argent ,
comme on le croit communément , mais
bien à une petite portion de fer (*) qui
même le rend plus foncé en couleur.
En effet , si on expose cet or de lavage
sur la coupelle avec du plomb , la quantité s'en trouve diminuée après le coupellage , & l'or reste plus pâle qu'il n'é-
tait avant. Au contraire , l'or qui contient le plus d'argent est celui qui est
le plus pâle. Est ce donc aux parties
étrangeres que nous devons uniforme-
ment attribuer la cause de la variété
de couleur qu'on remarque à l'or vierge ? C'est ce qu'on ne saurait pas décider. La nature qui se plaît à faire naître des nuances de différence dans les
êtres de même espece , n'agirait elle

(*) L'or est presque toujours uni avec le fer
parmi les sables des rivieres ; & ce qu'il y a
de remarquable en cela est que ces parties de
fer sont attirables à l'aimant : & comme les
parties d'or se trouvent unies souvent elles-
mêmes avec le fer, il arrive que l'un & l'autre
sont attirés en même temps par l'aimant.

pas ici de la même maniere? Quoi qu'il en soit, on fait que plusieurs morceaux d'or pris d'une même masse, traités différemment au feu, y prennent des nuances de couleurs différentes: ainsi il est à supposer que l'or vierge peut varier en couleur tout aussi naturellement.

La nature présente l'or sous plusieurs formes & figures. Il est disséminé plus communément en grains dans les especes de roches que nous avons nommées plus haut. On en a en masse configurée, mais rarement en rencontre-t-on d'un peu considérablement grosses; & c'est avec raison que M. Lévis fait remarquer qu'on ne trouve que fort rarement, pour ne pas dire jamais, des masses d'or dont le poids excede une once.

Enfin l'observation constante nous a montré que la nature nous présente l'or sous les formes suivantes.

1°. En grains angulaires: c'est ainsi que se montre l'or répandu dans les roches, & celui des sables de rivieres.

2°. En espece de lozange quadrangulaire, octogone & pyramidale, gros comme des dés à jouer. C'est ainsi qu'il s'en est trouvé dans les mines de Hongrie, enfoncé ou incrusté dans de la roche. On en voit plusieurs exemples dans le riche cabinet de M. Richter à Léipsick.

3°. En branches, c'est le plus rare & le plus bel or qu'il y ait.

4°. En feuilles appliquées quelquefois plusieurs ensemble, & quelquefois aussi elles sont attachées ou incrustées par un de leurs côtés dans la roche. Le nouvel Editeur de la Minéralogie de Cronstedt, M. Brinnich, Professeur d'Histoire naturelle à Copenhague, dit qu'il y a toujours de petits crystaux pyramidaux sur ces feuilles, que l'on peut y remarquer à la faveur d'une loupe ou d'un microscope. Mais nous n'avons rien vu de pareil, & nous croyons même que cet Auteur s'est fait illusion ; car ces feuilles d'or se montrent toujours très unies, luisantes & polies, ou bien l'or n'est point véritablement en feuilles. Le même Auteur dit aussi avoir vu, à Bridgen en Transilvanie, de l'or en forme cubique.

IIe. ESPECE.
Argent.

L'argent fe montre très communément fous fa forme naturelle : il fe préfente fouvent dans toutes fortes de filons , fur plufieurs fortes de mines &
pierres ; tantôt fur de la mine d'argent
grife , tantôt fur de la mine de cobalt , &c. Il s'en eft même trouvé fur
de la mine de fer , & fur du charbon
de terre. Mais il fe trouve auffi de l'argent dans les filons , indépendant des
mines, en maffe , plus ou moins grandes. A Freyberg , ou dans la mine
d'Himmelsfirft , on en a trouvé & on
en trouve encore des quantités confidérables , ainfi qu'à Sainte-Marie-aux-Mines. Dans ce dernier endroit on en a
trouvé des maffes de cinquante à foi-
xante livres , fuivant que je l'ai vu con-
figné dans les regiftres. Mais de tous
les pays qui fourniffent le plus d'argent , c'eft le Potofi à Rio de la Plata.

L'argent natif a ordinairement un
œil jaunâtre ; quand on le coupe il ne
paraît

paraît pas même avoir toute la blan-
cheur de l'argent raffiné, ni toute sa
malléabilité. On prétend que cet argent contient toujours une petite portion d'or ; mais cet or y étant en trop
petite quantité pour dédommager des
frais qu'il occasionnerait pour l'en obtenir, on l'y laisse. M. Cronstedt dit
que l'argent natif n'est pas tout-à-fait
de 16 lots au marc ; cependant on peut
dire que cet argent est un des plus purs
qu'on ait : il diminue un peu, à la vérité, sur la coupelle ; mais cette dimin-
nution doit être plutôt attribuée à quelque petite portion de matiere quartzeuse avec laquelle il est finement mêlé,
qu'à des métaux étrangers.

M. de Justi rapporte dans sa Minéralogie, qu'on a observé que de l'argent en cheveux sur des morceaux se
dissipait ou s'effleurissait ; & il en attri-
bue la cause au mercure, qu'il suppose
être uni avec cet argent. Je n'assurerai
pas que ce que M. de Justi rapporte
soit fondé ; mais ce qu'il y a de vrai,
est que M. Pabst de Chain, Intendant
des Mines de Saxe, m'a dit, lorsque j'étais à Freyberg, qu'il avait vu

de l'argent natif diminuer fenfible-
ment fur un morceau auquel il était
appliqué.

L'argent fe trouve fous cinq formes
principales.

1. En maffe. Cet argent eft fouvent
grisâtre & matte à fa furface ; ce qui
vient vraifemblablement de la terre
dont il a été envelopé.

2. En grains diffléminés dans la roche.

3. Sous forme d'écailles ou de feuillets appliqués extérieurement.

4. En cheveux ou en filets comme
tricotés, ou en filets entrelacés les uns
avec les autres.

5. Ramifiés ou en branches plus ou
moins grandes & groffes.

C'eft fous ces deux dernieres formes
que l'argent fe préfente le plus communément & le plus abondamment. Il
eft quelquefois en cheveux fi fins fur
de la mine, qu'à peine peut-on l'y appercevoir, tandis qu'on en trouve en
branches ramifiées fort confidérables.
On en voit fouvent dont la bafe tenant
encore dans la roche, pendant que le

tronc se répand en branches à quelque hauteur, représente assez bien un arbrisseau.

* IIIe. ESPECE.

PLATINE.

Nous harsardons ici, d'après M. Cronstedt, de placer la platine au rang des métaux parfaits, & d'en faire une espece à part, quoiqu'il soit incertain, malgré tout ce qu'on en a écrit jusqu'ici, qu'elle soit véritablement un métal particulier.

La platine, comme on sait, se trouve à l'Amérique Espagnole ; elle nous vient ordinairement sous la forme de limaille ; elle est d'une couleur sombre à-peu-près semblable à du fer. Ses propriétés & caracteres ont été reconnus & rendus publics par M. Scheffer & par M. Lévis, mais sur-tout par ce dernier qui a fait sur cette substance métallique un travail particulier très étendu, qu'on peut voir dans ses Mélanges physiques & chymiques(*). C'est

____

(*) Ce Métallurgiste, ainsi que tous ceux

d'après leurs essais qu'on a nommé cette
substance *or blanc*, par rapport à la ressemblance qu'ils lui ont trouvé avoir
avec l'or.

Mais on ne nous dit pas si la platine
se trouve en filons ou non ; ce qui pourtant était très essentiel à savoir avant
de décider que ce soit un métal particulier. Quoi qu'il en soit, on ne peut
pas méconnaître du fer dans cette substance métallique par l'ocre qu'on en
tire, lorsqu'on la met dissoudre dans
l'eau régale.

IV°. ESPECE.

CUIVRE.

On a été tant trompé de fois sur l'e-

---

qui se sont exercés sur cette substance, n'a pu
parvenir à la fondre elle - même ; cependant
M. Gellert m'a dit l'avoir fondue sur l'aire de
sa forge, dans une brasque composée d'une
partie de charbon & de deux de terre argilleuse,
placée dans un creuset. Ce célebre Minéralogiste m'a même fait présent d'une partie du
régule ou bouton métallique qu'il en a eu,
pour être un témoignage de la vérité du fait.
Sa platine lui avait été envoyée d'Angleterre
par M. Lévis.

xiſtence de ce métal dans la nature, par une infinité de morceaux qu'on a donnés pour vierges & qui ne l'étaient pas, & qui ne provenaient ſeulement que de la cementation ou des ſources vitrioliques cuivreuſes qui coulent dans quelques mines, qu'il était bien permis à quelques-uns d'en douter. Mais enfin les nouvelles découvertes qu'on a faites en dernier lieu, ne laiſ-ſent plus de doute ſur cette queſtion. Il eſt bien certain que la nature pro-duit du cuivre ſous ſa forme naturelle, même en aſſez grande quantité ; mais MM. Vallerius & de Juſti remarquent avec raiſon que ce cuivre n'eſt jamais parfaitement pur Ce dernier le com-pare avec le cuivre noir, c'eſt à-dire, avec le cuivre avec lequel on fait l'o-pération de la liquation. Quoi qu'il en ſoit, on en remarque qui eſt gri-ſâtre à l'extérieur, tel que celui qui eſt en maſſe, quelquefois même ver-dâtre ; mais il s'en voit auſſi de fort bril-lant, tel que celui qui eſt en cheveux(*).

(*) Quelques-uns croyent que celui-ci eſt très pur.

Le cuivre vierge fe préfente plus communément fur les mines de cuivre chyteufes , & dans des mines de cuivre pyriteufes , que par-tout ailleurs.

M. Vallerius préfente le cuivre fous fept fortes de figures , auffi-bien que M. Bomare. Savoir :

1. Cryftallifé cubiquement.

2. En grains.

3. En feuilles.

4. En branches.

5. En grappes.

6. En cheveux.

7. De fuperficiel , ou appliqué extérieurement.

M. de Jufti en expofe de quatre formes dans fa Minéralogie ; en branches , grains , feuilles & cheveux : tandis que M. Cronftedt n'en diftingue que deux ; favoir, en maffe & en grains. Pour moi, j'avoue que je n'en ai jamais vu que de trois fortes de figures.

1. En maffe épaiffe. Le Cabinet du College des Mines de Freyberg en poffede un morceau qui pefe dix livres. Selon M. Cronftedt , il s'en trouve de tel dans les mines de fer de Heslekulle en Nérike , & à Sunnerflod en Smoland.

2. En cheveux. Il est à-peu-près semblable à l'argent, & se trouve de même
incrusté sur de la roche ou sur de la
mine. Mais on remarque qu'il ne se
trouve jamais, du moins que fort rarement, sur de la mine où existe de l'argent.

3. En feuilles. Ce cuivre ne peut
pas être regardé, du moins celui que
j'ai vu, comme étant crû en feuilles; car
il m'a paru n'avoir cette forme que parcequ'il a été produit dans des fentes
fort étroites.

Pour celui que l'on trouve en grains,
quelques-uns croyent fortement qu'il
est constamment produit par la cementation naturelle, c'est-à-dire, par le
dépôt qui se fait naturellement du cuivre, des eaux vitrioliques qui coulent
dans quelques mines ou souterrains,
& que la nature n'en produit pas de
tel; même M. Cronstedt donne ceci
comme un caractere qui doit le distinguer du cuivre naturel, puisque ce dernier ne se présente point ainsi : & M.
de Justi dit qu'on doit distinguer le
cuivre cementé d'avec celui qui est na-

turel, en ce que le premier est toujours
plus pur que le dernier.

Vᵉ. ESPECE.

Fer.

Plusieurs ont nié l'existence du fer
naturel, entre autres MM. Cronstedt
& de Justi ; & moi-même j'avais toujours douté que la nature produisît véritablement du fer parfait, parceque la
plupart des morceaux qu'on m'avait donnés pour tels n'en avaient rien que l'apparence. Mais enfin, outre la découverte qu'a fait M. Margraf d'un vrai
fer, dans un voyage qu'il a fait en Saxe,
& indépendamment de ce que rapporte
M. le Baron d'Holback dans la traduction des Œuvres de MM. Gellert & de
Lhemann touchant une masse de fer malléable, qu'on avait envoyée du Séné-
gal à M. Rouelle, j'en ai été convaincu
par moi-même. Le College des Mines
de Freyberg en possede dans son Cabinet un morceau de plusieurs livres, qui
a toutes les propriétés d'un fer malléable. On en a trouvé aussi depuis peu,

près de Bareyth , qui était de même du fer malléable , un peu rouillé seule-lement à sa surface.

M. Vallerius dit que ce fer n'est point parfaitement pur , qu'il l'est pourtant plus que le fer *de gueuse :* mais il nous paraît que cette comparaison n'est point du tout juste ; car le fer de gueuse n'a nulle sorte de rapport avec le fer natif. Le fer de gueuse se brise & saute plutôt en éclats que de s'étendre sous le marteau ; ce qui a fait croire que M. Vallerius n'avait point connu de véritable fer natif, qu'il n'avait regardé comme tel qu'une mine de fer très commune en Suede , sur-tout en Norvege , qui ressemble à du fer , & qui est attirable à l'aimant. Il faut aussi se méfier beaucoup de la description qu'on donne d'un fer cubique ou polyedre , que l'on assure aussi être du fer natif ; car on voit souvent que ce n'est simplement qu'une mine de fer attirable à l'aimant.

Les découvertes qu'on a faites jusqu'ici ne peuvent montrer le fer que sous deux formes.

1. En grains , ou plutôt en petites

parcelles répandues souvent dans du
fable ; 2. en maſſes informes. Peut-
être que je me trompe moi même , &
qu'il n'en exiſte point d'autre que ce
dernier ; car on trouve de ces grains ,
qui , quoiqu'attirables à l'aimant , ne
ſont pourtant pas du fer natif ou vrai
fer.

* V I^e. E S P E C E.

Etain.

Juſqu'ici il a été regardé comme très
incertain s'il exiſte de l'étain : cependant M. Rinmann aſſure , dans le volume de l'Académie Royale de Suede ,
année 1765 , qu'on a trouvé en Cornouaille un morceau de mine d'étain
mêlé de quartz & de ſpath fluor , ſur
lequel ſe trouvait de l'étain vierge. Le
nouvel Editeur Allemand de la Minéralogie de Cronſtedt , M. Brinnich , dit
qu'on lui a montré ce morceau à Lon-
dres en 1766 : mais il ajoute enſuite
que malgré cela on ne peut pas en conclure qu'il y ait de l'étain vierge dans
la nature. Il eſt donc à croire que cet
étain vierge était fort équivoque , puiſ-

que ce Minéralogiste n'a pu en porter
un jugement assuré.

D'ailleurs, M. Vallerius dans sa Minéralogie parle de l'étain naturel, mais
d'après le récit de quelques Auteurs,
qui n'en étaient pas plus assurés eux-mêmes. Pour M. Cronstedt, il révoque en
doute l'existence de l'étain vierge, &
croit pouvoir assurer que tout ce qu'on
a donné pour tel n'en était point. Ce
qu'il y a de plus fondé en cela est le morceau d'étain de Malaca du cabinet de
M. Richter à Léipsick, cité dans son catalogue comme vierge : cependant on
a douté qu'il fût naturel, & on l'a regardé comme factice. J'ai vu ce morceau, comme beaucoup d'autres ; mais
je n'ai pu en porter un jugement plus
certain, n'étant pas en état d'en faire
la comparaison avec d'autres morceaux
vierges, puisqu'il n'en existe point. Ce
qui au surplus rendra toujours l'existence de l'étain vierge très douteuse,
c'est qu'on voit que les mines d'étain ne
contiennent pas même ce métal sous
la forme métallique, mais en chaux.
(Voyez notre Dissertation sur la Mi-

néralisation des mines, ajoutée à la fin
du Traité de la Vitriolisation).

✻ VIIe. ESPECE.

Plomb.

L'existence de ce métal naturel a,
ainsi que celle de l'étain, essuyé beaucoup de contestations. M. Cronstedt
dit que tout ce qu'on en a écrit ne mé-
rite point qu'on y ajoute foi. Cependant M. Bomare en parle dans sa Minéralogie comme d'une affaire décidée;
il en donne même de plusieurs qualités
d'après Vallerius.

J'ai vu le morceau qui passe pour être
du plomb vierge, dans le cabinet de M.
Richter à Léipsick, qui ne m'a pas paru
avoir toutes les qualités qui constituent
du plomb vierge ou du plomb ordinaire. 1°. A volume égal, il se trouve
beaucoup plus léger que le plomb. 2°. Il
est poreux. 3°. Il est vrai qu'il se laisse
tailler, mais les parties qu'on en détache sont autant disposées à se mettre
en poudre qu'à former un tout malléable. Pour dire mon sentiment à cet

égard, ce morceau m'a paru tenir le milieu entre le plomb & la mine de plomb que les Minéralogistes Allemands appellent *Bleifchweif*, qui eft l'efpece de mine de ce métal qui contient le moins de foufre. C'eft auffi cette efpece de mine qui, ayant quelques propriétés du plomb, a paffé parmi quelques-uns pour du plomb naturel ; & c'eft avec raifon que M. de Jufti fait remarquer que ce qu'on a fouvent donné pour du plomb vierge, n'était que cette efpece de mine, qui fouvent fe laiffe couper & étendre fous le marteau.

LES DEMI-MÉTAUX.

* PREMIERE ESPECE.

ZINC.

M. BOMARE eft le feul Auteur (*) de Minéralogie qui faffe mention du

______

(*) M. Romé de l'Isle m'a fait cependant obferver que Linnæus avait auffi parlé du zinc vierge.

zinc naturel ou vierge, qu'il dit avoir
découvert dans la minière de Calamine
& à Goslar sous la forme de filets sou-
ples. Mais, malgré la certitude qu'il en
donne, plusieurs Minéralogistes en
doutent encore. Pour moi qui ai bien
cherché aussi en ces deux lieux, je n'ai
pas été assez heureux d'en trouver la
moindre marque.

Ce que M. Cronstedt rapporte dans
sa Minéralogie d'un morceau crystallisé venu de Scheneberg, ayant l'apparence métallique, qui dans les essais
s'est montré être du zinc, paraît tout
aussi fondé. Néanmoins, on prétend
que cet Auteur a été induit en erreur
par des essais équivoques.

IIᵉ. ESPECE.
Bismuth.

C'est beaucoup plus souvent sous la
forme & l'état métallique, que la
Nature nous présente le bismuth,
que sous celle de mine. La plupart
même des mines connues sous la dénomination de mines de bismuth,
contiennent ce métal vierge, & pas la
moindre partie de ce métal minéralisé.

On le reconnaît tout aussi-tôt , non
feulement par fa couleur jaunâtre ,
mais encore parcequ'on peut le couper
aifément avec le couteau , & que ,
d'ailleurs , il fe diffout très promptement dans l'eau-forte.

M. Vallerius préfente le bifmuth
fous quatre formes : favoir, 1°. en maffe , 2°. appliqué extérieurement ou in-
crufté , 3°. en grains alongés , & 4°. cubiques. Mais j'avoue que quoique j'aye
vu beaucoup de bifmuth vierge, je n'en
ai point obfervé fous d'autre forme
que fous celle maffive , & en écailles
incruftées dans la roche.

Le bifmuth fe trouve très communément avec le cobalt ou dans les mines de cobalt ; & comme il eft fous fa
forme métallique , & qu'il eft en même temps plus fufible que le cobalt ,
on l'obtient facilement dans le temps
du grillage de la mine : on le fait couler hors du fourneau lorfqu'on voit
qu'il y eft raffemblé. C'eft ainfi qu'on
agit à Scheneberg pour obtenir le bifmuth , qui eft l'endroit qui en fournit
le plus. M. Cronftedt dit qu'il fe trouve
auffi du bifmuth vierge en Suede dans

les mines de Storaskedwi & de la Da-
lécarlie. Il s'en est trouvé de même autrefois à Ste. Marie-aux-Mines.

S'il en faut croire M. de Justi, on
trouve rarement du bismuth qui ne
soit allié avec une petite portion d'argent : il dit, dans ses Mélanges chymiques, qu'il y en a qui communément
tient dix jusqu'à douze lots d'argent,
& quelquefois aussi vingt jusqu'à vingt-
quatre lots. Cependant, quoique cette
assertion de M. de Justi soit publique
en Allemagne depuis long-temps, il
ne paraît pas qu'aucun Minéralogiste
Allemand ait fait fonds là-dessus ; car
aucun d'eux n'en fait mention, du
moins ceux dignes de foi.

* IIIᵉ. ESPECE.

ANTIMOINE.

M. Suab a prétendu avoir découvert ce sémi-métal dans les mines de
Sahlberg, & en a donné la description dans les Mémoires de l'Académie Royale de Suede pour l'année
1748. Selon ce Mémoire, il a une couleur d'argent, & montre dans sa frac-

ture dès faces luifantes affez grandes :
mais le plus remarquable de ce Mémoire eft que cette fubftance métallique fe laiffe aifément amalgamer avec
le mercure , tandis qu'il n'eft pas poffible de faire un véritable amalgame
fans intermede avec l'antimoine qu'on
obtient de fa mine. La caufe de ce
phénomene , felon M. Suab , vient de
la terre calcaire qui eft reftée unie avec
ce métal ; ce qui remplit le but du
procédé de M. Pott , qui , pour parvenir à amalgamer l'antimoine ordinaire,
s'eft fervi d'un peu de chaux.

Mais malgré l'autorité de M. Suab
il s'eft trouvé des Minéralogiftes qui
ont nié l'exiftence de l'antimoine naturel. Quelques-uns ont publié des
doutes fur la découverte de M. Suab ;
& d'autres ont prétendu qu'il s'était
laiffé induire en erreur par une fubftance métallique qui approchait beaucoup du mifpickel , c'eft-à-dire par une
union du fer & de l'arfenic. Mais M.
Cronftedt , dans fa Minéralogie , foutient l'affirmative contre les adverfai-
res de M. Suab. Quoi qu'il en foit , per-
fonne n'a découvert depuis de l'anti-

moine vierge, ni même quelque chose qui en eût l'apparence.

IVe. ESPECE.

ARSENIC.

Plusieurs Minéralogistes ont décrit l'arsenic blanc pour l'arsenic vierge ; c'est une erreur dans laquelle est tombé M. Vallerius lui-même : cet Auteur va même jusqu'à regarder l'arsenic en farine, qui est le résultat de l'efflorescence des mines arsenicales, comme un arsenic vierge. Mais M. Cronstedt, n'ayant aucun égard à ce qu'ont écrit les Minéralogistes qui l'ont devancé, parle de l'arsenic véritablement vierge (ainsi que j'en ai parlé moi-même dans ma Dissertation sur la minéralisation), & place l'arsenic blanc au rang des chaux métalliques.

L'arsenic naturel ou vierge a l'apparence du plomb dans sa fracture fraîche, mais il redevient noir en très peu de temps. Il est composé de petits grains fort serrés les uns contre les autres. C'est la plus pesante des subſtances minérales que nous préſente la nature, & une des plus dures. Elle s'allume, & brûle comme une matiere inflammable & ſe convertit en une chaux très blanche, qu'on peut obtenir très aiſément au moyen d'un vaiſſeau froid ou chapiteau. L'arſenic vierge ſe diſſout très bien dans l'eau forte. (Voyez ma Diſſertation ſur la Minéraliſation.)

On en a, 1°. en maſſe informe grenue, qui ſe trouve en Saxe, en Hongrie, au Hartz, mais ſur-tout à Sainte-Marie-aux-Mines.

2°. M. Cronſtedt fait mention d'un arſénic vierge en écailles, qui ſe trouve près de Vinora en Congsberg.

3°. Et d'un friable qu'on nomme dans les lieux de mines pierre à mouche, parcequ'on s'en ſert pour empoiſonner les mouches, en le mêlant avec du miel. Cette derniere qualité a été nommée par quelques Allemands fort mal-à-propos *Scherben kobalt.* M. Vallerius a ſuivi auſſi en cela la dénomination des Mineurs, & décrit cette qualité ainſi que la précédente au rang des mines d'arſenic.

Ve. ESPECE.

MERCURE.

Dans presque toutes les mines de mercure considérables qu'on a exploitées jusqu'aujourd'hui, on a trouvé du mercure vierge coulant, mais principalment dans celles proche d'Ydria dans le Frioul, ou la Basse Autriche, & dans les mines du Duché des Deux-Ponts.

Le mercure s'est présenté dans les premieres, selon M. Cronstedt, dans de l'argille, ou dans des pierres chyteuses; il s'en sépare de lui-même par le seul frottement & par la chaleur de la main. M. Cronstedt dit encore dans sa Minéralogie, que dans la mine de Sahlberg au plus profond, appellé *la profondeur de M. Steens*, il s'est montré quelquefois du mercure amalgamé avec de l'argent vierge, ce qui est très curieux & bien digne de l'attention des Minéralogistes.

On trouve aussi le mercure vierge dans de la pierre quartzeuse grisâtre ou

blanchâtre , qui en fort en petits glo-
bules lorfqu'on frappe deffus , ou qu'on
la brife à coups de marteau.

DEUXIEME CLASSE.

Mines des Métaux.

MINES D'OR.

PREMIERE ESPECE.

Mine d'or de Vagay, en Tranfilvanie.

CETTE mine , dont la découverte
ne date pas depuis long-temps , fe préfente tantôt grife , ou femblable à une
blende de fer , & tantôt d'un fombre
tirant fur le jaune. Elle eft compofée de
feuillets ou lames minces, qui quelquefois fe laiffent féparer les unes des autres au moyen d'un couteau ; mais on en
trouve auffi qui eft en maffe compacte &
folide. Celle-ci fe laiffe couper comme
une mine d'argent foufrée aigre , ou
mine d'argent vitreufe aigre. Quelques

morceaux frottés sur du papier y laissent une trace comme ferrugineuse. Elle se trouve dans son filon parsemée sur une gangue quartzeuse blanchâtre. Suivant les relations que j'ai vues de cette mine, il se trouve aussi quelquefois avec elle une pyrite simple & une arsenicale blanchâtre, de la mine d'argent ordinaire, de l'or, & de l'argent vierge.

Il paraît qu'on ne connaît pas bien encore la composition de cette mine ou les différentes substances qui la constituent. Selon quelques-uns elle est un composé d'antimoine, de fer, d'or, d'argent, & d'un tant soit peu de soufre; & selon d'autres elle ne contient point d'antimoine, mais du fer, de l'or, de l'argent & de l'arsenic; & enfin, selon d'autres, elle n'est qu'un composé de zinc, d'or, d'argent.

On n'est pas non plus d'accord sur son produit. Il est vrai qu'en cela il n'est guere possible que cela soit autrement, vu que cette mine, comme toutes les autres, peut varier d'un instant à l'autre. Quoi qu'il en soit, on sait, d'après des avis sûrs, qu'il se trouve des morceaux de cette mine qui donnent jusqu'à vingt lots d'or , & six ou sept marcs d'argent au quintal , & d'autres qui tiennent la même quantité d'or avec très peu d'argent ; & enfin on en a de fort pauvres en comparaison de la précédente , dont le produit ne va pas au-delà de trois lots d'or.

IIe. E S P E C E.

PYRITES D'OR , OU AURIFÈRES.

Ce n'est que depuis fort peu de temps qu'on sait qu'il y a des pyrites aurifères , & je suis le premier qui ai annoncé cette découverte en France.

Ces pyrites ne différent des communes qu'en ce qu'elles sont d'un jaune plus clair , plus vif & plus brillant , & qu'elles ne sont point sujettes à tomber d'elles-mêmes en efflorescence. Leur texture est compacte & serrée. On en a dans le pays de Valais , à Visberg en Suisse , qui ne tiennent qu'un lot ou un lot & demi d'or. Mais il s'en trouve en Hongrie , qui , selon le récit de M. Délius dans sa Dissertation sur l'origine des montagnes , tiennent jusqu'à dix lots d'or,

Il est à présumer que, d'après cette premiere observation, on découvrira par la suite d'autres pyrites aurifères.

MINES D'ARGENT.

PREMIERE ESPECE.

Mine d'argent vitreuse , ou argent uni avec le soufre, nommée par les Allemands Glas Ertz.

Nous présentons en premier lieu cette mine comme la plus riche en argent & comme la plus simple.

Cette mine est assez semblable par l'apparence à la mine de plomb pure ; mais elle s'en distingue, en ce qu'étant exposée à l'air elle devient plus noirâtre.

On distingue deux qualités de mine d'argent vitreuse : une qui est flexible, qui se laisse couper comme du plomb, & qui est brillante dans la coupure fraîche (c'est peut-être là le seul caractere qui donne quelque apparence de vérité à sa dénomination) : l'autre qui est plus dure, aigre, qui ne se laisse point

point couper, mais se laisse plutôt réduire en poudre. Cette différence n'est
due qu'à un peu d'arsenic qui est combiné dans cette derniere. Cette qualité de mine semble être le passage aux
mines d'argent rouges, qui ne different
de celle-ci que parcequ'elles contiennent de l'arsenic (*). Celle-ci est, à ce
qu'on prétend, sujette à s'effleurir, ou
à tomber en poudre, ou du moins à se
présenter telle ; c'est ce qu'on remarque
sur quelques morceaux qu'on rencontre
dans les mines. Mais on reconnaît aussi-
tôt que cette poudre appartient à cette
mine, en passant la lame d'un couteau
dessus, laquelle paraît aussi-tôt brillante
& unie comme la surface d'un verre,
quand elle a été fortement comprimée.

(*) Très souvent aussi on apperçoit dans
cette qualité de mine le passage aux mines
d'argent rouges, par la couleur qui est d'un
brun rougeâtre. J'ai apporté un morceau de
mine du pays de Freyberg, qui m'a paru tenir
le juste milieu entre la mine d'argent rouge &
la vitreuse, tant par sa couleur que par son produit. Ajoutons à ces mines du cuivre, & nous
passerons aux mines d'argent grises ou *falherz*
des Allemands.

Cette mine se trouve souvent avec la mine d'argent rouge, & très souvent ces mines ne forment qu'une même masse ensemble.

Cette mine donne les trois quarts de son poids d'argent, & même plus quelquefois ; elle se fond facilement dans un creuset ; & on peut en avoir sur le champ l'argent, en y jettant un demi-quart de limaille de fer. Mais on la traite ou on l'essaye plus facilement en la jettant dans un bain de plomb (*).

D'après tous les morceaux que j'ai vus de cette mine, soit dans les cabinets ou dans les mines, je n'en puis admettre que de trois formes principales.

1. En masse informe.

2. Appliquée en feuillets sur des masses d'autres mines ou pierres.

3. Crystallisée, ou avec des surfaces crystallisées cubiquement ou angulairement.

―――――――――――――

(*) C'est même la manière de traiter cette mine avec le plus grand profit possible, aussi bien que la mine d'argent rouge. Au lieu de jetter cette mine dans un fourneau, il faut la jetter dans le plomb d'œuvre, ou dans le temps de la coupellation du plomb.

Parmi toutes les mines qui font actuellement en exploitation, celle nommée *Himmelfirst*, à deux lieues de Freyberg, s'eft toujours diftinguée par l'immenfe quantité de mine d'argent vitreufe qu'elle a fournie. Le nouvel Editeur Allemand de la Minéralogie de Cronftedt, M. Brinnich, dit qu'à préfent cette mine y eft très rare; mais il fe trompe, & affurément il paraîtra fingulier à quelques-uns que ce Rédacteur, qui a été fur les lieux, ait été fi mal inftruit. S'il avait été bien informé, il aurait vu que cette mine ne fe dément point à cet égard, & qu'on y en trouve encore aujourd'hui beaucoup de pure. Quand on a affemblé beaucoup de cette mine, on la fait entrer dans un coupellage; de forte qu'on a par-là des gâteaux d'argent fort grands. En 1770, au mois de Juillet, on y fit un coupellage en ma préfence de fix quintaux de cette mine maffive: le gâteau d'argent qui en réfulta était fi confidérable, qu'il fallût fix ouvriers pour l'enlever du fourneau.

Au furplus il fe trouve de la mine d'argent vitreufe dans différentes autres exploitations, telle que dans celle de Hongrie, & principalement dans le diſtrict de Schemnitz. M. Cronſtedt cite les mines de Congsberg en Suede, comme donnant de cette mine. On en a auſſi trouvé beaucoup autrefois à Ste-Marie-aux-Mines, même des deux qualités que nous avons nommées. Je poſſede moi-même, dans mon cabinet, un beau morceau de cette mine, provenant de cette exploitation.

On trouve dans les livres de minéra-logie qui ont paru juſqu'à préſent, pluſieurs autres mines décrites ſous le nom de mine d'argent vitreuſe; mais il eſt reconnu aujourd'hui par les vrais Minéralogiſtes que ce ſont autant d'er-reurs (*). Il y a beaucoup de morceaux

---

(*) Dès qu'on trouve dans une telle mine d'autres ſubſtances métalliques, elle n'eſt ni ne doit point être regardée comme mine vitreuſe. Pour ce qui eſt de la mine noire d'argent fa-rineuſe très riche, citée par Vodward comme ayant été trouvée près de Freyberg, il y a toute apparence que cette mine n'était que la mine d'argent vitreuſe effleurie, ainſi que j'en ai vu quelques échantillons ou exemples pendant mon ſéjour en Saxe.

de mine qui , à l'essai , donnent beaucoup plus d'argent que l'apparence ne
le promet ; ce qui vient des parties de
mine vitreuse qui y sont répandues &
confondues parmi une terre ou pierre
friable.

Dans la mine de *Morgenstern* , près
de la ville de Freyberg , il se trouve
des masses qui contiennent de cette
mine , mais mêlée le plus souvent avec
une matiere friable blanche , & quelquefois farineuse , que les Allemands
nomment *Steinmark*.

On peut contrefaire la mine d'argent vitreuse , en combinant ensemble
une partie de soufre & deux parties
d'argent.

IIe. ESPECE.

Mine d'Argent rouge.

Cette mine se présente sous différentes nuances de rouge selon la proportion des matieres qui la composent.
Il s'en trouve depuis le sombre gris jusqu'au plus haut rouge. Il y en a de plus
ou moins transparente , & d'opaque,

Cette mine se réduit en poudre rouge ; elle décrépite au feu comme toutes les mines d'un tissu ferme & crystallin , & entre aisément en fusion après sa décrépitation ; pendant ce temps l'arsenic se dissipe en fumée.

Selon M. Cronstedt & d'autres Minéralogistes , cette mine est toujours un composé de fér , d'arsenic , d'un peu de soufre , & de l'argent qui en fait toujours la plus grande partie : mais je n'y ai jamais remarqué du fer , mais seulement de l'argent , du soufre & de l'arsenic. Le produit ordinaire de cette mine est de 60 à 70 pour cent ; mais il faut remarquer que c'est toujours la plus opaque ou sombre qui est la plus riche. On contrefait en quelque sorte cette mine , lorsqu'on fait fondre ensemble de l'arsenic , du soufre & de l'argent.

Cette mine se trouve souvent avec la mine d'argent grise , de cobalt , & sur du quartz. Il s'en trouve aussi avec la mine d'argent vitreuse : mais celle-ci se montre presque toujours en masse réguliere opaque , & d'un rouge sombre, ainſi qu'elle ſe montre en Saxe.

Les formes ſous leſquelles elle paraît le plus communément, ſont :

1°. Maſſive, informe.

2°. Cryſtalliſée en octaèdre ou en octogone, plus ou moins tranſparente.

3°. Écailleuſe, ou formant de petites couches.

4°. De ſuperficielle, ou appliquée
extérieurement ſur de la roche ou de
la mine.

Les endroits où l'on a trouvé le plus
de cette mine, ſont la mine nommée *Himmelfirſt*, près de Freyberg,
Marienberg en Saxe, Saint Andreasberg au Hartz, Joachinſthal en Bohè-
me, & Sainte-Marie-aux-Mines. On
peut dire que c'eſt de ce dernier endroit d'où ſont ſortis les plus beaux
morceaux de cette mine cryſtalliſée. Il
en exiſte un morceau, qui eſt un group-
pe de cryſtaux, dans le cabinet du
Prince Electeur de Manheim, de la
plus grande beauté.

Le nouvel Editeur de la Minéralogie
de Cronſtedt dit que quelques morceaux de cette mine, expoſés à l'humidité, ſont ſujets à perdre leur tranſ-

parence ; ce qui peut être, attendu
que presque toutes les mines se ternis-
sent, & même se décomposent par la
suite du temps.

IIIe ESPECE.

*Mine d'argent blanche appellée par
les Allemands* Weisgildenerz.

Cette mine, qui est d'un gris blanc
plus ou moins clair, a été très souvent
confondue, tantôt parmi les mines d'argent grises, & tantôt parmi les mines
blanches arsenicales de Henkel (*).
Elle differe de la premiere en ce qu'elle
ne contient que peu de cuivre ; & de
la derniere, en ce qu'elle ne contient
pas autant d'arsenic, & qu'elle contient
beaucoup plus de soufre. En un mot,
elle est un composé de beaucoup plus
d'argent, de soufre, d'arsenic, d'un
peu de fer, & d'une portion de cuivre
moindre que celle d'argent. Il est

––––––––––––––––––––––––––––––

(*) Il est vrai que quelques-uns prétendent
que cette mine ne differe guere de la premiere
que parcequ'elle est plus abondante en argent
& qu'elle tient moins de cuivre.

vrai que si cette mine contenait davantage de cuivre & moins d'argent, elle
ne serait, à proprement parler, que
la mine d'argent grise ordinaire,
que les Allemands nomment *Falherz*,
dont il sera question ci-après. C'est
aussi la remarque qu'a fait M. Cronstedt, & qui a fait vraisemblablement
qu'il n'a pas cru devoir distinguer ces
mines, & en faire deux especes. Au
surplus, cette mine est très rare; il s'en
trouve quelquefois dans les mines de
Saxe, & à St. Andreasberg au Hartz;
il s'en est aussi trouvé à Sainte-Marie-
aux-Mines, à Giromagni, dans le si-
lon nommé *fénitourbe*.

Cette mine donne depuis 1 o jusqu'à
3 o marcs d'argent au quintal.

C'est sous cette espece qu'il faut ranger, selon M. Cronstedt, la mine d'argent noirâtre ou noire, dont M. Vallérius a fait une espece particuliere, puisqu'elle est composée de même, & qu'elle
n'en differe que parcequ'elle est effleurie, ou a été altérée par l'eau. C'est aussi
sous cette même espece qu'il faut ranger la mine en farine, nommée par les
Allemands *Silbermulm*, qu'on trouve

dans les mines de Schemnitz en Hongrie, & à Congsberg en Norvege, qui
donne, selon le nouvel Editeur de la
Minéralogie de Cronstedt, dix-sept
marcs & demi d'argent au quintal.

Nous présenterons cette mine sous
trois qualités différentes.

1°. En masse grise & solide.

2°. Noire & friable.

3°. En farine, mais cependant dont
les parties forment corps ensemble.

IVe. E S P E C E.

Mine d'Argent grise, nommée Fahlerz
par les Allemands.

C'est la mine d'argent la plus commune, & celle qui garnit le plus ordinairement les filons à Sainte-Marie-
aux-Mines & au Hartz. Elle est composée de cuivre, d'arsenic & de beaucoup de soufre, & l'argent en fait la
moindre partie. Ordinairement elle
donne depuis 16 jusqu'à 25 livres de
cuivre au quintal, depuis un demi-
marc jusqu'à trois marcs d'argent.

Cette mine se montre tantôt plus

tantôt moins foncée en couleur. On
en a :

1°. En maſſe informe.

2°. De cryſtalliſée en polyèdre ou
pyramidalement , ou en pyramide
triangulaire. Celle - ci eſt brillante
& a aſſez d'apparence de la galene :
elle eſt toujours la plus riche.

V^e. E S P E C E.

*Mine d'Argent blanche , ou Pyrite
d'argent de Henckel.*

Cette eſpece de mine ſemble être
particuliere aux exploitations de la direction de Freyberg (*), & juſqu'ici on
n'en a point trouvé nulle part qui puiſſe
lui être comparée parfaitement ; de là
vient que la plupart des Minéralogiſtes
qui l'ont voulu comparer, d'après le récit de Henkel, avec celle qu'ils voyaient
ailleurs, ſe ſont preſque toujours trom-

(*) On voit là le paſſage aux pyrites arſenicales jaunes dont les filons de Freyberg ſont
remplis , leſquelles ne contiennent point d'argent ; auſſi y ſont-elles jettées au tas du rebut
comme inutiles.

C vj

pés. Quelques - uns l'ont confondue avec la mine d'argent blanche décrite pour la troisieme espece. Il n'y a que M. Cronstedt qui l'a décrite telle qu'elle est en Saxe. Cette mine est d'un éclat brillant ; mais il s'en trouve de plus ou moins blanche & claire. Elle est un composé de fer, d'arsenic, & quelquefois d'un tant soit peu de cuivre ; mais alors elle tire un peu sur le jaune. En un mot, elle ne differe de la pyrite arsenicale, ou de ce qu'on appelle mispickel, que par un peu d'argent, dont le contenu ne va que depuis deux ou trois jusqu'à douze lots au quintal.

Cette mine se montre en masse dure & d'un tissu serré, & en grains ou composée de grains fins brillants, telle qu'il s'en voit dans la mine de Braunsdorf, à deux lieues de Freyberg.

VIe. ESPECE.

Mine d'Argent en barbe de plume, ou comme des cheveux fins, nommée par les Allemands Federerz.

C'est la plus légere, la plus délicate des mines : elle est grisâtre & ressem-

ble à un monceau de cheveux fins ou
de poil. Mais ces parties ou cheveux
ne font pas beaucoup flexibles ; ils fe
brifent au lieu de ployer. Elle eft adap-
tée ordinairement fur d'autres morceaux de mines, ou fur de la gangue
ou roche du filon.

Cette mine n'eft pas fort riche en argent; on en a vu qui, à l'effai, ne donnait
pas plus de 5 à 6 lots. La rareté de cette
mine a fait que jufqu'ici on n'a pu la
foumettre à tous les effais qui auraient
été néceffaires pour reconnaître parfaitement fes parties conftituantes. Quoi
qu'il en foit , on y a toujours admis un
peu d'antimoine ; au moins l'y a-t-on
foupçonné , parcequ'expofée au feu
elle fe diffipe en partie ; c'eft ce qu'on
a obfervé en l'effayant à la coupelle.
On en trouve en Saxe.

VIIe. ESPECE.

Mine d'Argent cornée.

C'eft la plus rare & la plus précieufe
de toutes les mines d'argent ; elle eft
blanche, couleur de perle, ou jaunâtre.
Quelquefois elle paraît demi-tranfpa-

rente ; ou , pour mieux dire , quand on
en coupe un morceau mince , elle paraît demi - tranſparente , ou ſemblable à de la corne. Selon M. Cronſtedt ,
il y en a qui après la fonte paraît un peu
malléable.

M. Cronſtedt & beaucoup d'autres
Minéralogiſtes ne doutent pas que cette
mine ne ſoit une combinaiſon de l'a-
cide marin avec l'argent. Mais M. de
Pabſt , Intendant des Mines de Saxe ,
m'a fait remarquer que cette opinion
n'était fondée ſimplement que ſur la
reſſemblance & les rapports qu'on lui
a trouvé avoir avec la combinaiſon chy-
mique connue ſous le nom de lune cornée : car , dit-il , juſqu'ici perſonne n'a
été aſſez heureux d'en trouver une aſſez
grande quantité pour être à même d'en
ſacrifier quelques parties aux eſſais.

On a trouvé de cette mine à Johann
Georgenſtadt en Saxe , cryſtalliſée &
envelopée d'une pellicule. M. de Pabſt
en poſſede dans ſon cabinet pluſieurs
morceaux , auſſi bien que le Cabinet
du College des Mines de Freyberg.
Mais le plus beau morceau qu'on ait
encore vu de cette mine eſt celui que

posſede M. de Reden, *Oberberghaupt-mann*, c'eſt-à-dire, Surintendant des Mines, à la Clausthal au Harrz, qu'il a fait voir, lorſqu'il eſt venu à Sainte-Marie-aux-Mines, à M. Beyſer & à M. Schreiber.

* VIII°. ESPECE.

M. Cronſtedt fait mention d'une mine d'argent particuliere, qu'il donne pour être une combinaiſon de cuivre, d'antimoine avec l'argent.

Cette mine, eſt-il dit, paraît griſe ou grisâtre; mais lorſqu'on la pulvériſe elle paraît rougeâtre. On trouve cette mine en Suede; ſon produit d'argent eſt ordinairement de vingt-ſix lots au quintal.

* IX°. ESPECE.

Il eſt encore ici queſtion d'une autre eſpece de mine préſentée par M. Cronſtedt, qu'il dit être une combinaiſon du plomb, de l'antimoine, de l'argent & du ſoufre; mais il paraît qu'il n'en eſt pas bien certain, puiſqu'il ajoute qu'on aſſure qu'il y a une pareille mine à Congsberg , couleur de foie , dans la mine nommée *Christinna* , qui tient six ou sept lots d'argent au quintal.

MINE DE CUIVRE.

PREMIERE ESPECE.

Mine de Cuivre commune.

C'est la mine ordinaire qui garnit les filons. Elle est d'un beau jaune dans son intérieur ; mais dans les endroits qui ont été humectés par l'eau ou sur ses surfaces , elle paraît ou violette , ou en iris , ou brune. Cette mine contient beaucoup de soufre ; & , selon mes essais , elle est celle de toutes les mines des métaux qui en contienne le plus , sans en excepter les pyrites ferrugineuses. Il est vrai que cette mine varie beaucoup dans sa composition : tantôt elle ne contient que seize liv. de cuivre au quintal , tantôt vingt-cinq jusqu'à trente livres. Il en est de même quant à la proportion du fer : il y est très sensible dans quelques-unes , & dans quelques autres il n'y en a presque pas. J'en ai même examiné un morceau venant de Baygori en Basse-Navarre, qui n'en contenait pas du tout.

En général, on peut dire que moins cette mine contient de fer, plus elle est friable & sulfureuse ; elle est aussi à proportion de même fusible. Indépendamment des parties constituantes que nous venons de montrer, elle contient encore toujours plus ou moins d'une terre non métallique, argilleuse & quartzeuse. On peut ranger sous cette espece de mine les qualités suivantes :

1. La mine de cuivre jaune.

Cette mine se laisse tailler, quoique assez dure & compacte. Quand on la brise, on apperçoit qu'elle est composée de petits feuillets & comme collés ensemble finement : c'est la plus commune de toutes ; c'est pourquoi il n'est pas nécessaire de décrire les endroits où elle se trouve.

2. Mine de cuivre verdâtre, ou d'un jaune-clair tirant sur le verd.

C'est la qualité de mine de cuivre qui contient le plus de soufre.

3. Mine de cuivre cryſtalliſée figu-rément, ou telle que les pyrites.

C'eſt la mine de cuivre qui contient le plus de fer; auſſi l'appelle-t-on pyrite cuivreuſe (*).

4. Mine de cuivre à gorge de pigeon, ou chatoyante.

C'eſt la plus belle de toutes les mines. Il eſt vrai qu'il y en a d'une infinité de variétés, & dont quelques-unes ſont beaucoup plus belles que d'autres. Il y en a qui reluiſent le plus beau verd-bleu & toutes les couleurs de l'arc-en-ciel. Tous les Minéralogiſtes s'accordent aſſez à regarder toutes ces couleurs & les différentes nuances qu'on y remarque comme un effet de l'eau; ce qui le confirme, c'eſt que de la mine de cuivre jaune expoſée quelque temps aux injures de l'air y devient peu-à-peu violette & de toutes les ſortes de nuances de couleur dont nous

---

(*) Il faut remarquer que le fer eſt toujours indiqué dans ces mines par la forme, qui fait que ces mines affectent toujours plus ou moins la forme cubique ou ſpathique.

venons de parler(*). Il est vrai que quelquefois aussi on remarque qu'elle s'y
ternit , en devenant brune ; c'est lorsque le métal de la mine perd lui-même
son état métallique : mais alors cet
état de mine ne doit plus être regardé
comme étant de la même espece.

5. Mine de cuivre brune.

Il faut prendre garde de ne pas confondre cette mine avec la mine de cuivre hépatique : celle-ci ne paraît diffé-
rer des qualités précédentes que parcequ'elle a été altérée par l'eau ; aussi
en trouve-t-on d'à demi jaune en dedans.

IIᵉ. ESPECE.

*Mine de Cuivre en chaux , bleue ou
azurée , ou verte.*

Cette espece de mine se présente
sous plusieurs formes & sous plusieurs

(*) En 1768 , j'exposai , à Ste. Marie-aux-
Mines, dans du sable plusieurs morceaux de
mine de cuivre très jaune & nouvellement
sortis du filon, qui se trouverent, vers la fin de
1771, ornés des plus belles couleurs d'iris ou
de l'arc-en-ciel.

nuances de couleurs. On en a de cryſtalliſée, luiſante, dure & ſolide comme
un marbre, qui ſe laiſſe tailler & polir,
telle que celle de l'exploitation de
Boulach dans le Duché de Virtemberg ;
d'autre qui eſt ſpongieuſe, matte, &
qui ſe pulvériſe fort aiſément.

Cette mine n'eſt jamais minéraliſée,
& n'eſt autre choſe qu'un dépôt de
chaux de cuivre, plus ou moins ſolidi-
fié, dont quelques parties contiennent
une portion de terre calcaire, laquelle s'y décele par l'eau-forte ; mais
il y en a auſſi qui expoſée au grillage
donne des vapeurs arſenicales.

Il y a des parties de cette mine très
riches en cuivre, dont quelques-unes
donnent quarante à cinquante livres
de cuivre au quintal. Cette mine dans
la premiere fonte donne un cuivre noir
très proche du cuivre raffiné ; auſſi la
plupart de ces mines n'ont-elles pas
beſoin de ſubir de grillage avant que
d'être fondues ; il n'y a que celles qui
ſe montrent arſenicales dans l'eſſai qui
en ont beſoin.

On peut préſenter cette mine ſous
quatre ſortes générales.

1. Friable, ou en chaux déliée : ocre de cuivre.

2. D'un verd brunâtre, matte & spongieuse. On prétend que celle-ci contient un peu de fer.

3. Mine de cuivre bleue, tirant sur le violet ou bleu de roi : il se montre de celle-ci en beaux cryſtaux dans des cavités ou enfoncements de mines de cuivre ordinaire, ou ſur de la mine d'argent griſe, ainſi qu'il s'en eſt préſenté pluſieurs fois à Sainte-Marie-aux-Mines. On en voit de rayonneuſe ou comme aiguillée. Il y en a auſſi de maſſive, dure & caſſante ; mais celle-ci eſt extrêmement rare (*).

4. Mine de cuivre verte. On en a de friable & de ſolide, mais plus ſouvent de la premiere que de la derniere. Pluſieurs Auteurs ont fait de cette qualité une eſpece particuliere : mais ils

---

(*) La couleur de cette mine a perſuadé à quelques-uns qu'elle était une combinaiſon de l'alkali volatil avec le cuivre, fondés ſur l'analogie qu'il y a entre cette mine & les cryſtaux qu'on obtient de la diſſolution du cuivre par l'alkali volatil. M. de Juſti, dans ſa Minéralogie, page 43, penſe que cette

ont eu tort , puisqu'elle est absolument
la même chose que les qualités précédentes , & qu'elle n'en differe que par
la couleur.

On voit en outre dans des cavités
des petits crystaux brillants , soyeux ,
d'un verd extrémement foncé ; état qui
n'est dû vraisemblablement qu'à la pri-
vation des parties étrangeres au cuivre , qui étendent & rendent la couleur
claire dans les autres. Souvent on rencontre sur le même morceau de mine
de cuivre les qualités précédentes de
mine D'un côté sont des parties de mine
verte , & de l'autre de bleue , friables
ou crystallisées ; & souvent elles sont
mêlées avec de la mine jaune elle-même. Mais on voit aussi ces variétés de
mine de cuivre souvent sur la mine de
cuivre argent de Ste. Marie , ou mine
grise décrite précédemment.

---

mine , ainsi que celle qui est verte , n'est qu'un
cuivre précipité par l'alkali volatil. Mais il
n'y a que la ressemblance qui puisse porter à
cette opinion ; car on ne trouvera jamais rien
qui puisse l'autoriser par des essais bien faits.
C'est toujours le foible des pitoyables Chymistes de juger par analogie extérieure.

M. Cronstedt prétend que ce qu'on nomme malakite est une combinaison de gyps & de la chaux de cuivre ; mais on en voit qui fait effervescence avec les acides.

C'est aussi sous cette espece qu'il faut ranger la mine de cuivre rougeâtre que M. Cronstedt dit être unie avec une terre quartzeuse, & qu'il dit se trouver à Sunnekog en Suede : mais il faut prendre garde de ne pas se tromper, & de confondre cette mine avec la mine de cuivre vitreuse que nous allons présenter. Celle-ci ne doit être qu'une chaux de cuivre massive mêlée avec quelque terre.

IIIe E S P E C E.

Mine de cuivre vitreuse.

Cette espece de mine se présente toujours en masse compacte, tantôt d'une couleur de foie, tantôt tirant sur le marron, & souvent d'un violet foncé. Selon quelques-uns, cette mine tient le milieu entre l'état minéralisé & l'état de chaux ; mais dans le vrai aucun Minéralogiste ne l'a parfaitement examinée

jusqu'ici (*). Quoi qu'il en soit, on en
doit diſtinguer de deux qualités générales ; l'une qui eſt aigre & caſſante, dure,
& qui ſe laiſſe plutôt briſer que de ſe
couper ; l'autre qui ſe laiſſe couper, &
qui paraît, dans la coupure, luiſante &
unie comme un verre ; d'où lui eſt venu
vraiſemblablement la dénomination de
vitreuſe. On ne ſait pas préciſément
quelle eſt la cauſe de cette différence ;
quelques-uns ſe ſont perſuadé que la
mine de cuivre vitreuſe aigre ne diffé-
rait de l'autre que par rapport à une
petite portion d'arſenic ou de fer ; en
ce cas, c'eſt-à dire s'il eſt vrai que
ces mines different par leurs parties conſtituantes, elles devraient faire
chacune une eſpece à part. Il y a encore
cette différence à obſerver parmi ces
mines, c'eſt qu'il s'en trouve qui eſt
très fuſible, pendant que d'autre ré-

(*) Cependant je me crois fondé à regarder cette mine comme étant de la ſeconde eſpece générale, c'eſt-à-dire comme une combinaiſon de la chaux de cuivre avec le ſoufre ;
il eſt vrai qu'il y exiſte peu de ſoufre ; mais enfin cette mine pure, fondue, donne une matte.

ſiſte

fifte à une violente chaleur pendant quelque temps.

Cette efpece de mine , au refte, eft la plus riche de toutes les mines de cuivre; fon produit va fouvent depuis 60 jufqu'à 80 livres au quintal : mais malheureufement elle n'eft pas celle qui garnit ordinairement les filons. Il s'en trouve communément dans quelques mines de cuivre ordinaires en maffes informes, unies & confondues avec elle. Mais parmi les mines qui ont été en exploitation jufqu'aujourd'hui , il n'en eft point qui en ait tant fourni que la mine du Tillot, dans les Vôges , à 2 lieues de Remiremont , exploitée autrefois par feu M. Saur.

Le nouvel Editeur de la Minéralogie de Cronftedt , M. Brinnich , dit qu'il fe trouve aux Indes , en Sibérie , & en Hongrie , une mine de cuivre vitreufe cryftallifée octogonement. Savoir fi cet Auteur ne s'eft pas trompé , je le laiffe à examiner à d'autres ; pour moi je n'en ai jamais vu de telle.

M. Cronftedt fait mention d'une mine de cuivre vitreufe, rouge comme de la cire d'Efpagne , que l'on trouve

D

dans les mines de Norberg en Suede, &
de d'Ordal en Norwege ; mais il ajoute
que quelquefois elle se montre aussi tirant quelque peu sur le brun de foie ;
ce qui pourrait bien n'être que la même mine que nous avons citée.

IVe. ESPECE.

*Mine de Cuivre brune , appellée par
quelques - uns mine de foie ou hépatique.*

Cette mine se présente tantôt friable
& tantôt solide. Sa couleur la plus ordinaire est celle du café brûlé ; c'est la
qualité de mine de cuivre la plus riche
après la mine vitreuse : il s'en trouve
des morceaux qui donnent presque autant de cuivre à l'essai. On pense que
cette mine n'est qu'une espece de
mine de cuivre décomposée , ou de
chaux de cuivre unie à une terre qu'on
ne connaît pas ; mais il y a tout apparence qu'elle contient du fer (*). On y

______

(*) C'est ce qui prouve que cette mine n'est
différente des mines de cuivre ordinaires, que
par l'état du métal, qui y est sous la forme de
chaux.

distingue quelquefois senfiblement de l'ocre ferrugineufe ; on prétend qu'elle contient dufoufre, à la vérité en petite quantité, ce qui fervirait à foutenir l'opinion avancée. Ce qu'il y a de vrai, eft que la véritable mine de cuivre hépatique donne du cuivre noir à la premiere fonte, & celle qui n'en donne point, mais feulement une matte chargée de foufre comme les autres mines, doit être rapportée à la premiere efpece, qualité cinquieme, comme n'étant que cette même mine, différente feulement par la couleur, & parcequ'elle contient moins de foufre. Il eft très vrai qu'on rencontre fouvent cette mine parmi la mine de cuivre jaune. C'eft fous cette efpece qu'il faut rapporter la mine de cuivre nommée par les Allemands *Kupfermulm*, décrite par M. Vallérius, efpece XIV, ainfi que celle nommée par les Allemands *Leberfchlag*, décrite auffi par M. Vallérius, efpece VIII.

Cependant j'ai vu une mine de cuivre brune à Catherienberg en Bohême, qui me femble ne devoir pas être confondue avec celle-ci. Elle eft dure, folide, compofée de grains fins & ferrés les uns contre les autres ; elle contient beaucoup d'une blende que nous décrirons en son lieu, & un peu d'arsenic. Cette mine est assez riche en cuivre, mais elle est très difficile à exploiter à cause de la blende dont nous parlons.

* V^e. ESPECE.

Mine de Cuivre arsenicale.

Il y a toute apparence qu'on s'est trompé souvent, & qu'on a décrit sous cette espece la mine d'argent grise ou le *fahlerz* des Allemands, ou la pyrite arsenicale; car on sait que la nature présente rarement de l'arsenic dans les mines de cuivre sans argent(*). Quoi qu'il en soit, M. Vallérius parle d'une mine de cuivre de cette espece qu'il nomme aussi mine de cuivre blanche ; mais M. Cronstedt dit qu'il n'en a jamais vu de telle, à moins qu'on n'entende par là

(*) C'est une chose digne d'attention que l'argent soit toujours accompagné par l'arsenic dans les mines, ou que l'arsenic soit toujours l'indice de l'argent dans les mines où existe le cuivre.

la pyrite arfenicale qui contient un peu
de cuivre ; mais il y en a qui contient
auffi quelquefois un peu d'argent : alors
elle mérite d'être mife au rang des mines d'argent.

VIe. ESPECE.

*Mine de Cuivre chyteufe , ou Chyte de
cuivre.*

Cette mine eft en effet en lames
comme les chytes , elle fe trouve en
couches plus ou moins horizontales ,
comme les mines de charbons ; mais ces
couches ne font pas toujours régulieres , ni accompagnées d'un toit & d'un
lit comme ces dernieres. Il y en a de grife , de friable & de noirâtre. Ces mines
rendent depuis 4 jufqu'à 6 livres de cuivre au quintal. Dans quelques-uns de
ces chytes le cuivre eft en chaux fine
& unie intimement avec la terre argilleufe , dans d'autres on y voit des
parties de pyrites ou mine de cuivre ,
difféminées çà & là. Les premiers donnent du cuivre noir à la premiere fonte,
& les derniers une matte. Quelques-

uns même donnent un peu d'argent en même temps.

L'Allemagne abonde en ces sortes de mines ; telles sont celles d'Eisleben en Saxe, de Godelsheim dans le pays de Waldeck, de Talliter dans le Darm-stadt, & de Rothembourg dans la Saala, tandis qu'on n'en a pas encore découvert en France, du moins que je sache.

La plupart de ces mines sont très difficiles à fondre, à cause de la terre argilleuse avec laquelle elles sont unies. Il faut pour les déterminer à entrer en fusion y ajouter du spath calcaire ou de la chaux, qui font fluer la terre argilleuse.

* VIIe. ESPECE.

Mine de Cuivre bitumineuse.

M. Cronstedt fait mention d'une mine de cuivre inflammable qui brûle & laisse une cendre qui donne du cuivre, laquelle se trouve, est-il dit, dans les mines de Nacdekers en Dal, & à Bisberg en Suede. Son nouvel Editeur allemand, M. Brinnich, dit aussi qu'il se trouve une pareille mine parmi une chaux verte de cuivre dans le canton de Bannat en Hongrie, qu'on y nomme mine de poix. Peut-être cette mine n'est-elle pas fort différente de celle que décrit M. Gellert sous le nom de mine de cuivre en scorie. D'ailleurs c'est sous cette espece qu'il faut ranger la mine que les Allemands nomment *Branderz*.

MINES DE FER.

PREMIERE ESPECE.

Mine de Fer minéralisée ordinaire, ou Pyrite.

Dans les pyrites, quoique souvent jaunes, il n'existe jamais de cuivre; elles ne sont seulement qu'un composé de fer, de soufre & d'une terre argilleuse.

On a 1°. la mine de fer des filons: elle est jaunâtre ou couleur de bronze;

telle est celle de Limbourg : quelquefois elle se présente crystallisée octo-
gonément , ou avec des surfaces cubiques ; ce sont les pyrites dont on tire
le plus communément le soufre & le
vitriol.

2°. Pyrites de glaisieres , ou de craye-
res. Celles-ci sont crystallisées presque
toujours sphériquement , & composées
d'aiguilles qui se divergent du centre
à la circonférence. On en trouve de
brunâtres ou de rouillées intérieurement dans les falaises de Normandie :
celles-ci ne contiennent , en comparaison des précédentes , que très peu de
soufre. Elles tombent aisément en efflorescence exposées à l'air.

3°. Pyrites cubiques. Elles sont toujours unies & compactes , dures & solides. Elles se trouvent souvent incrustées dans une terre solide ou gangue
des filons , ou dans la mine de cuivre
chyteuse , ou même dans les mines de
charbons.

Cette pyrite-ci , & celle qui est couleur de bronze , sont les plus difficiles
à tomber en efflorescence ; ou , pour
mieux dire , elles n'y tomberaient que

difficilement d'elles-mêmes , si elles ne
subissaient auparavant le grillage ; ce
qui est dû à la grande quantité de soufre qu'elles contiennent , & à leur tissu
fin & serré.

4°. On a aussi des stalactites ou sta-
lagmites de pyrite ; mais celles-ci s'ef-
fleurissent ou se vitriolisent assez facilement. Ce sont aussi les moins dures
& les moins compactes de toutes.

IIᵉ. ESPECE.

Mine de Fer arsenicale , ou Fer combiné avec l'arsenic.

Il y a un passage très insensible depuis
les mines de cuivre ou pyrites arsenicales jusqu'à celle que nous présentons
ici , mais qui ne se remarque que dans
le pays de Freyberg où toutes ces variétés se montrent. Lorsqu'elle se trouve
entièrement blanche , elle n'est plus
que la combinaison simple du fer avec
l'arsenic, qu'on nomme mispickel. Mais
il faut remarquer que quand ces variétés de mines contiennent du cuivre ,
elles contiennent souvent aussi de l'argent ; & dans cet état elles semblent

être le passage aux mines d'argent grises. On voit d'ailleurs ici un de ces
exemples, où il est très-difficile de
saisir la nature ou de décrire ses variétés.

Le mispickel qui est l'état le plus pur
de cette mine, & qui est tout-à-fait
semblable à la combinaison métallique
qu'on fait en combinant ensemble par
la fonte du fer & de l'arsenic, est presque toujours isolé dans les filons, ou
par rognons. Le plus pur est crystallisé
en aiguilles, qui se divergent du centre
à la circonférence ; j'en ai apporté un
beau morceau de cette qualité de la
mine de Cujat devant la ville de Freyberg.

IIIe. ESPECE.

Mine de Fer en chaux.

Cette espece de mine, la plus abondante & la plus commune de toutes
les mines, se présente sous des variétés
immenses ; en sorte que si on voulait
les alléguer toutes, on n'aurait jamais
fini. D'ailleurs ce métal est uni en cet
état à une si grande quantité de corps,

qu'il faudrait décrire le regne minéral presque en entier pour citer tous les corps dans lesquels il se trouve de la chaux de fer. Mais ici nous ne devons considérer que les mines de fer propres à la fonte.

En général nous devons dire que ces mines ne sont qu'une chaux de fer plus ou moins solidifiée avec une terre non métallique, tantôt argilleuse & tantôt calcaire.

On en a 1°. de jaunâtre ou rougeâtre.

2°. De grise ou ocracée couleur de café, dure & solide plus ou moins. Telles sont les mines de fer de Normandie, de Nivernois, de Champagne & de Bourgogne ; elles sont toutes ternes & mattes, ou du moins on n'en a que très peu de crystallisées & brillantes. Elles sont d'un grain grossier ; elles ne sont que très peu solubles dans les acides & point attirables à l'aimant : elles donnent ordinairement depuis vingt-cinq jusqu'à quarante livres de fer au quintal.

3°. On a encore en France des mines de fer en grains ronds, isolés & séparés, dont il y en a de gros comme

des pois & d'autres un peu plus. Cette
mine eft affez friable & fe laiffe pulvérifer aifément ; telles font celles de
Belfort , & quelques unes du Berri :
celles ci donnent le meilleur fer que
la France fourniffe , le plus malléable
& le plus fouple.

Ces mines ne font point en filons ,
ni dans des lieux en roches ou en montagnes , mais en tas dans des terres argilleufes , graffes , fableufes & ocracées.
Elles ne font , en un mot , que dans
des pays à terreau , ou de feconde formation.

Prefque toutes nos mines de France ont befoin , pour être fondues ,
d'être unies à une terre calcaire à caufe
de la terre argilleufe qu'elles contiennent , tandis que celles de Namur n'en
ont pas befoin , puifqu'elles fe trouvent unies naturellement à une terre
calcaire. On apperçoit même dans celles-ci des parties de coquillages , ou
même des coquillages entiers.

4°. Mine de fer en géodes , dont il
y en a beaucoup de liffes & polies en
dedans comme du verre. Il y en a qui
font compofées de plufieurs couches ou

rougeâtres ou brunes ; telles font celles du pays de Liege On exploite à préfent une mine de cette qualité dans le pays de Liege , près du bourg de Theux , digne d'attention, en ce qu'elle eft toute en géodes plus ou moins grandes. Il y en a qui font ovales comme des œufs , péfant trois ou quatre liv. ayant une grande cavité intérieure , quelquefois fermée , dans laquelle on trouve fouvent de l'eau très claire. M. de Limbourg , Médecin des Eaux de Spa , fait exploiter cette mine pour fa fonderie & forge. Cette mine , mêlangée avec d'autres du pays , donne du bon fer.

5°. Mine de fer rouge , hématite. Il y en a d'épaiffe , maffive , compofée de grains plus ou moins groffiers , & d'aiguilles ; de friable , qui teint les doigts en la maniant , & dont les parties font très fines On en voit de cette qualité qui reffemble beaucoup au colcotar.

6°. Mine de fer rouge cryftallifée , hématite. On en a depuis le fombre brun (*) jufqu'au rouge cramoifi ; de

______

(*) La quatrieme qualité femble être le paffage à celle-ci.

luifante , dure & folide , compofée d'aiguilles qui fe divergent fouvent du centre à la circonférence. Ce font les mines de fer les plus pures de cette efpece que nous connoiffions , & qui donnent le plus de fer dans la fonte , mais qui malheureufement fe trouve toujours aigre & caffant. Mais fi ces mines font affociées avec d'autres , elles donnent alors du bon fer. Ces mines fe trouvent en filons ; elles s'y montrent quelquefois en rognons , ou en maffe ifolée fphérique , mais compofée de rayons & d'aiguilles. Le College des Mines de Freyberg en poffede un bloc de dix quintaux , trouvé près d'Eben-ftok , qui femble être un groupe de différentes autres maffes confondues enfemble; mais dans la fracture on voit que les rayons ne font pas communs avec toute la maffe , mais qu'ils fe rendent à des points ou centres particuliers. C'eft un des plus beaux morceaux d'hématite qu'on ait jamais trouvé.

7°. Mine de fer quartzeufe : c'eft de la chaux de fer cryftallifée avec la matiere du quartz , ou fimplement interpofée entre fes parties. Telle eft la mauvaife mine de fer de Pontoife. Les mines de fer de cette qualité contiennent ordinairement de l'or, mais en si petite quantité qu'on ne peut pas en être dédommagé des frais.

8°. Mine de fer couleur de fer, brillante & cryftallifée. L'isle d'Elbe fournit une grande quantité de ces fortes de mines, qui font cryftallifées en lame, ou en polyedre, parmi lefquelles on en diftingue qui chatoyent un beau verd & les couleurs de l'iris. Ce font les plus belles mines de cette qualité qu'on connaiffe.

9°. Mine de fer de marais. C'eft une mine molle, ou friable, noirâtre. Elle femble avoir été produite par les dépôts de l'eau. Quelques-uns prétendent que le fer s'y eft produit par la deftruction ou le changement des végétaux; car ils remarquent qu'il y a des tourbes qui font fort ferrugineufes, & qui femblent montrer leur paffage à l'état de mine de fer.

10°. Mine de fer blanche. Cette mine eft d'un blanc fombre tirant fur le jaune ou fur le gris. On en voit de cryftallifées cubiquement avec des furfaces luisantes & polies. Celle-ci est aussi appellée mine de fer spathique , parcequ'elle a quelquefois une apparence spathique.

Cette mine qui est l'union intime de la chaux de fer avec une terre blanche , est commune en Saxe & dans les Pyrénées. M. Lhemann dit qu'il s'en trouve aussi en Suede & dans le Tirol. Quelques Allemands l'appellent mine d'acier.

Ce serait sous cette qualité qu'il faudrait ranger le *flos ferri* , s'il en existait véritablement , ou du moins dont le fer y fût assez abondant pour être regardé comme mine de fer.

IVe. E S P E C E.

Mine de Fer attirable à l'aimant.

Cette mine est ordinairement grise, ou couleur d'ardoise , ou tirant sur le bleu , ou couleur de fer , composée de grains plus ou moins fins , ou disposée en écailles ; il s'en trouve communément en Norwege.

Il se trouve aussi en Suede beaucoup de morceaux de mine de fer qui sont fort attirables à l'aimant. Cette mine est composée de grains fins ou gros. La plupart ont été même regardés comme fer natif, mais mal à propos.

Quelques-uns prétendent que ces mines fondues donnent, sans addition de phlogistique, du fer de gueuse; si cela est nous ne pouvons que nous applaudir d'en avoir fait une espece à part.

M. Cronstedt dit que ces mines sont la plupart fort fusibles.

* V^e. E S P E C E.

Mine de Fer bleue.

M. Cronstedt fait mention d'une mine de fer particuliere & bien digne d'attention, si, comme il dit, elle est une combinaison du fer avec de l'alkali, uni lui-même avec une matiere inflammable. Elle est décrite de couleur bleue, que l'on nomme pour cette raison *terre de fer bleue* ou bleu de Berlin naturel. Il est dit qu'il s'en trouve dans de la tourbe en Scanie, & près de Weissenfels en Allemagne, & à Nordeland

en Norwege. M. Vallérius fait aussi
mention d'une mine de fer bleue, mais
je ne saurais pas dire si c'est la même que
celle-ci. Celle dont parle M. Vallérius
doit être bleuâtre, ou d'un bleu sombre
dans la fracture, & riche en fer.

Mais si ce n'est que par analogie ou
ressemblance extérieure, que M. Cronstedt conclut que cette mine est une
union de l'alkali phlogistiqué avec le
fer, il pourrait bien s'être trompé; car
le fer peut être teint en bleu sans être
uni à un alkali fuligineux; l'alkali même ne concourt pour rien à la couleur
bleue dans le bleu de Prusse, puisqu'il
n'y existe pas.

* VIe. ESPECE.

M. Cronstedt présente encore une
mine de fer inconnue jusqu'à lui, qu'il
dit être une combinaison du fer avec
une terre aussi inconnue. Cette mine
s'endurcit dans l'eau : il y en a d'une
couleur brune, rougeâtre, fort ferrugineuse, & assez facile à fondre; de dure,
blanche, & de jaunâtre, qui est très
abondante en fer, & s'endurcit promptement dans l'eau de chaux. Cette pro-

priété ne peut venir du fer seul, est-il dit, mais de son mêlange qui éprouve quelque changement d'état.

SUPPLÉMENT.

La nature & la composition des especes suivantes étant très peu connues, j'ai jugé à propos de les exposer en particulier, afin qu'on ne les confonde pas avec les véritables mines de fer, c'est-à-dire avec les mines de fer exploitables au fourneau, que nous venons d'exposer.

VIIe. ESPECE.

Mine de Fer magnétique, ou Aimant.

On en a 1°. de compacte & de solide, de grise ou noire. M. Cronstedt dit qu'il y en a de cette qualité dans la montagne nommée Hocberg, dans le pays de Goguës, qui possede la vertu magnétique aussi-bien que les meilleurs aimants taillés : mais il pense que le fer y est combiné avec le soufre ; ce qu'on ne pourra croire que difficilement, vu que le soufre est si contraire à la vertu

magnétique. On sait que l'isle d'Elbe
en fournit, qui est noir & qui se trouve
parmi les mines de fer. 2°. A fins ou
à gros grains ; celle-ci acquiert très
aisément la vertu magnétique.

VIIIe. ESPECE.

Emeri.

C'est une mine de fer plus ou moins
grise, fort dure & compacte, composée
d'aiguilles ou de grains, lesquels sont
d'une dureté & d'une raideur extrême ;
c'est par-là que cette pierre est propre à
user le fer & l'acier.

IXe. ESPECE.

Mine de Fer en blende, ou Blende de fer.

Cette substance est grise, ou couleur d'acier, brillante, très dure & compacte, souvent crystallisée comme le
quartz ; on en voit de composée de lames ou feuilles minces. Elle est inatta-
quable par les acides ; elle ne change
point de couleur, exposée long-temps à
l'action du feu : on n'a pu la fondre jusqu'ici en fer, c'est-à-dire la traiter au

fourneau de fonderie Cette mine eſt
très commune dans les Vôges , elle y
couvre quelquefois les filons. En cher-
chant à reconnaître les filons au jour
ſur les montagnes , nous en avons ob-
ſervé beaucoup , dont quelques morceaux étaient cryſtalliſés en dedans. Il
y en a une mine conſidérable dans le
Valdajot , près de Plombieres. Quelques particuliers voulurent entrepren-
dre de tirer avantage de cette mine ,
mais ils ne purent réuſſir à la fondre ;
ils l'abandonnerent. Cette entrepriſe
ayant fait connaître cette mine à Paris , quelques miroitiers & d'autres ar-
tiſtes s'en ſervirent pour polir & uſer
le verre. C'eſt cette eſpece de mine que
M. Valmont de Bomare décrit , dans
ſa Minéralogie , ſous le titre de mine
de fer ſpéculaire , & M. Lhemann ſous
celui de galene de fer ; en effet , on en
remarque qui eſt aſſez ſemblable , par la
forme des cryſtaux , à la mine de plomb
qu'on nomme galene. Mais il y a pluſieurs autres mines de fer qui peuvent
être confondues avec celle ci , ou être
regardées comme de même nature ,
telles ſont celles de l'isle d Elbe.

X^e. E S P E C E.

Volfram.

Le volfram est une substance pesante, noirâtre, dure, composée de couches ou écailles appliquées les unes sur les autres, ou crystallisée en aiguilles plus ou moins grandes. Il s'en trouve communément dans les mines de Saxe, de Cathérienberg, de Zinnwald, & de Zinngraupen en Bohême. M. Pabst de Ohain, Intendant des Mines de la Direction de Freyberg, m'a dit en avoir essayé une espece qui lui a donné 18 liv. de fer au quintal, 8 d'arsenic, & 25 d'une terre très réfractaire. Quelques-uns assurent y avoir trouvé aussi une petite portion d'étain, par où ils se persuadent que cette substance tient le milieu entre les mines d'étain & les mines de fer.

On peut présenter deux qualités de volfram.

1°. En masses feuilletées.

2°. En aiguilles.

Nous ne savons pas si c'est à cette espece ou à la précédente que nous devons faire rapporter le mica de fer. Cette substance qui est en feuilles minces, souvent flexibles, luisantes, est abſolument de la couleur de l'eſpece précédente ; mais dans les eſſais elle ſe montre tout-à-fait ſemblable au volfram.

* XIe. E S P E C E.

Pierre de Fer peſante.

C'eſt auſſi une eſpece particuliere que nous empruntons de M. Cronſtedt, qui , dit-il , eſt ſemblable aux pierres de grenat, & des cryſtaux d'étain , preſque auſſi peſante que l'étain pur , mais entiérement infuſible & inréducible. Cependant elle donne plus de trente livres de fer au quintal ; elle ſe fond très lentement avec le borax & le ſel alkali , mais très facilement avec le ſel miſcrocoſmique ; c'eſt pourquoi , continue M. Cronſtedt , on eſt obligé d'employer de ce ſel quand on veut eſſayer cette mine ; elle donne une ſcorie noirâtre.

On en trouve , 1°. de compacte.

2°. A petits grains rougeâtres ou couleur de chair.

3°. De jaune, qu'on trouve dans la mine de Baſtenës , près de Ritterhütte en Suede.

4°. Il y en a aussi de spathique, avec des surfaces grasses, blanche & jaune, à Marienberg & Altemberg en Saxe : j'ai été dans ces deux lieux-là, je n'y ai pourtant rien vu de pareil.

XIIe. ESPECE.

Manganèse.

Tous les Minéralogistes, jusqu'à M. Cronstedt, ont placé la manganèse au rang des mines de fer ; cependant M. Cronstedt trouve des raisons suffisantes pour l'en exclure. Il fait remarquer qu'elle ne donne au plus que 2 jusqu'à 3 pour cent de fer, & souvent un peu moins ; le reste est une terre particuliere qui, selon lui, mérite d'être distinguée des autres terres. Quoi qu'il en soit, nous présenterons ici les principales qualités de manganèse connue.

On a,

1°. la manganèse dure & solide, grise, brune ou violette, ou tirant sur le violet foncé ; c'est la manganèse la plus commune, & celle dont on se

sert

fert dans les verreries. La meilleure nous vient du Piémont.

2°. M. Cronstedt parle d'une manganèfe qui eft blanche, qu'il prétend être la plus pure de toutes ; il dit en avoir vu un échantillon dans une collection qui venait d'un endroit inconnu de la Norwege. J'en ai effayé, dit-il, quelques morceaux qui m'ont préfenté cette différence, qu'ils donnaient au verre de borax une couleur d'un haut rouge ; mais quant au refte, ils devenaient bruns par le grillage.

3°. Manganèfe rouge, qui doit fe trouver dans le Piémont. Je n'en ai pu obtenir fuffifamment, dit M. Cronftedt, pour l'effayer ; j'ai appris feulement par un de mes amis qu'elle était ferrugineufe, & que le verre qui en provient eft plus rouge que violet.

XIIIe. ESPECE.

Chœrl.

C'eft encore une fubftance auffi inconnue que la précédente. Elle fe montre grife ou d'un verd fombre, compofée fouvent d'aiguilles ou de rayons qui ſe divergent du centre à la circonférence. M. de Pabſt , que nous avons déja cité pluſieurs fois , m'a dit qu'il regardait cette ſubſtance comme une eſpece de mine de fer , attendu que dans les eſſais elle lui avait donné du fer abondamment.

On en trouve dans les mines de Saxe , & dans quelques-unes de la Suede. Elle ſe montre quelquefois aux mêmes endroits que le volfram. M. Cronſtedt en donne pluſieurs qualités, qu'il range, ſous le titre de baſalt , dans la claſſe de la terre de grenat. Mais il y a toute apparence que cet Auteur entend plu-ſieurs autres ſubſtances ſous ce titre , qui ne doivent pas plus être confon-dues enſemble , que l'eſpece dont nous parlons ici.

MINES D'ETAIN.

LA nature ne nous a point préſenté juſqu'ici l'étain minéraliſé ſous ſa for-me métallique avec le ſoufre , mais ſeulement ſous la forme de chaux combinée avec la terre du fer, & une terre non métallique, & presque toujours avec l'arsenic en même temps. C'est d'ailleurs la mine la plus pesante qu'on ait ; mais il y en a de plus pesantes parties les unes que les autres, à raison de leur degré de pureté.

PREMIERE ESPECE.

Mine d'Etain ordinaire.

Cette mine est brune ou d'un brun foncé, & rougeâtre, d'un tissu serré, crystallin ou vitré, dure, pesante, & brillante dans la fracture.

1°. On en a en grandes masses sans figure déterminée, ou des masses composées d'une infinité de petits crystaux ou grains, souvent confondus avec de la terre ou gangue du filon : telle est la mine commune la plus riche d'Angleterre, & celle de Marienberg en Saxe ; c'est ce que les Allemands nomment *zwitter*. Mais il y en a de si finement répandue dans la roche qu'on ne peut l'en distinguer ; on ne peut même l'appercevoir que par le lavage.

2°. Cryftallifée figurément : cryftaux d'étain. Elle eft fouvent , comme
le grenat, d'une figure octogone , fphérique, ou polygone. Il y en a des cryftaux
plus ou moins gros ; il s'en voit communément d'une once , & quelquefois
depuis trois onces jufqu'à dix liv. pefant. C'eft la mine d'étain la plus riche :
mais ces cryftaux font confervés maintenant pour les collections minéralogiques. On en a trouvé autrefois beaucoup
à Zinnwald & à Zinngraupen en Bohême. Ce dernier endroit a pris même
fon nom de ces cryftaux ; mais lorfque j'y étais en Août 1770 , il n'y en
avait pas un feul. On fe plaint , en
effet , que ces cryftaux font devenus
rares par-tout. Ils fe rencontrent dans
les cavités des filons ou des couches. On
voit dans le cabinet de M. Richter , à
Léipfick , un cryftal d'étain de cinq
livres pefant venant de Zinngraupen ;
c'eft le plus beau dont il ait été fait
mention.

3°. On a encore les grenats d'étain :
ce font des petits cryftaux d'une couleur plus claire , & fouvent plus rouge
que les précédents : on les trouve quel-

quefois ifolés & répandus dans de la
terre & dans du fable.

4°. Ecailleufes ou à petites facettes
fombres : cette qualité de mine fe
trouve communément dans les mines
d'étain de Cornouaille en Angleterre.

II.ᵉ ESPECE.

Mine d'Etain blanche. Spath d'étain.

Peut être ai-je tort de diftinguer
cette mine d'étain de la précédente, &
d'en faire une efpece particuliere ; car
quelques-uns prétendent que cette
mine eft compofée des mêmes matieres, c'eft-à-dire, d'arfenic, de chaux
d'étain, & de fer ; mais cela n'eft nullement conftaté : en tout cas, fi elle
n'eft point effentiellement différente
de la précédente, on peut affurer
qu'elle en differe fi fort par fon état
& fon extérieur, qu'elle ne peut
point du tout être confondue avec
elle.

Cette mine fe préfente fous quelques variétés : il y en a 1°. d'un beau
blanc, & vitreufe dans fa fracture, &

E iij

d'à demi transparente vers ses surfaces.

2°. D'autre qui est matte & qui est
d'un blanc sale , ou qui tire vers le
jaune ou vers le gris.

3°. On en trouve aussi qui est semblable à du spath calcaire , mais qui
s'en distingue très fort par la pesanteur.

On prétend que ces mines d'étain
sont fort pauvres ; mais comme elles
sont très rares & qu'on les conserve
précieusement pour les collections minéralogiques , on n'en a pas fait jusqu'ici de grands essais.

Leur configuration est souvent la
même que celle des crystaux d'étain ordinaires ; il y en a aussi de fort grands.
On voit dans le cabinet de M. Richter,
à Léipsick , un crystal d'étain blanc
d'une livre & demie pesant.

MINES DE PLOMB.
PREMIERE ESPECE.

Mine de Plomb ordinaire, ou Plomb minéralisé par le soufre.

C'EST la plus commune de toutes les mines qui se mettent en filons. On prétend que jusqu'ici on n'en a point trouvé d'exempte absolument d'argent. Il est bien vrai, ainsi que le fait remarquer M. Cronstedt, que quelquefois l'argent s'y montre en si petite quantité, qu'il ne peut point défrayer de la dépense du coupellage. Cette mine se montre plus ou moins pure dans les filons, de différente solidité & configuration, & plus ou moins claire en couleur. Nous allons détailler les principales qualités de cette mine qu'on a remarquées jusqu'ici.

1°. On en a sous forme cubique en gros ou petits crystaux, c'est ce qu'on appelle galene. Cette mine se trouve dans les excavations de filons : elle est brillante & compacte, cependant facile à se mettre en poudre, bien loin

de se laisser couper , comme l'avancent
mal-à-propos quelques Minéralogistes.
Il faut même n'avoir qu'une faible idée
de la Métallurgie , pour savoir que
dès que le plomb est uni à la moindre
portion de soufre , il perd sa malléabilité , & qu'il se laisse plutôt réduire en
poudre que de s'applatir sous le marteau. Il est vrai que cette mine est
assez friable , & qu'elle se laisse racler
facilement. Cette mine donne depuis
quarante jusqu'à soixante & dix livres
de plomb au quintal; quelquefois même
plus , puisqu'elle n'est simplement ,
souvent, que l'union du plomb avec le
soufre. C'est , en quelques endroits , la
mine de plomb la plus pauvre en
argent , & on peut même dire généralement qu'elle est la plus pauvre
de toutes. Cependant la mine de Châ-
teau-Laudrin , en Basse Bretagne , qui
est toute en crystaux cubiques , en fait
une exception ; car elle tient jusqu'à
un marc d'argent au quintal. M. Cronftedt rapporte même , dans sa Minéralogie , que les crystaux de plomb de la
mine de Sahlberg , en Suede , tiennent jusqu'à trois marcs d'argent au
quintal.

Le nouvel Editeur Allemand de la
Minéralogie de Cronſtedt dit que
dans la Tranſilvanie il ſe trouve de
cette mine qui tient avec l'argent une
portion remarquable d'or : c'eſt ce qui
ferait bien digne d'attention, ſi cela
était vrai ; mais quelques-uns prétendent que cet Auteur a avancé ceci un
peu trop légérement , & qu'il s'eſt
laiſſé induire en erreur par le travail
qu'il a vu faire dans les fonderies de
ce pays , dont le plomb de cette mine
emporte l'or des autres mines qu'on
fait fondre avec elle. D'ailleurs, l'argent
des mines de plomb a été regardé toujours comme le plus pur de tous.

2°. A petites particules ou facettes
entaſſées les unes ſur les autres. Celle-
ci eſt la mine de plomb la plus commune : elle ne donne communément
qu'un ou deux , juſqu'à trois lots d'argent au quintal ; telle eſt la mine de
Poullaouen , en Baſſe Bretagne , & de
Sainte-Marie - aux - Mines. Il y en a
d'ailleurs d'une infinité de variétés &
qualités , tant en richeſſe qu'en forme ,
figure & pureté.

3°. De ſtriées ou compoſées de

fibres ou grains ; il y en a de massive &
pesante, telle qu'on en voit dans la
mine de la Morgenstern, près de
Freyberg.

4°. Mine de plomb légere, poreuse,
comme grasse au toucher. C'est sous
cette qualité qu'il faut faire rapporter
la mine de plomb, nommée par les
Allemands *Bleischweif* ; elle est la plus
rare de toutes ; c'est celle qui contient
le moins de soufre.

IIe. E S P E C E.

Mine de Plomb antimoniée, ou Plomb
minéralisé avec le soufre en même
temps que l'antimoine.

Cette mine a la même couleur que la
précédente, mais elle a la texture
rayonneuse ou aiguillée. On en trouve
à petites & à grossieres aiguilles : elle
n'est point fort commune ; mais on
en trouve néanmoins en Suede dans
la mine de Sahla, dit M. Cronstedt,
dans la quatrieme profondeur. Nous
savons qu'il s'en trouve de telle dans
quelques mines des Pyrénées : j'en ai
essayé un morceau de ce pays, il y a

quelques années, qui contenait les trois quarts d'antimoine & très peu d'argent.

Cette mine est très difficile à traiter pour en séparer ce qui y est contenu. Le plomb empêche qu'on ne puisse obtenir l'antimoine, de même que l'antimoine empêche d'obtenir le plomb ; il faut perdre l'antimoine dans la scorification, & il faut encore une grande quantité de plomb pour le scorifier : moins il y a de plomb avec l'antimoine, mieux il entraîne l'argent.

IIIᵉ. ESPECE.

Mine de Plomb en chaux.

1°. On en a de friable, d'un blanc gris, connue sous le nom de céruse naturelle ; souvent elle est mêlée avec une terre calcaire, qui s'annonce par l'effervescence que les acides y excitent.

2°. De crystallisée octogonement ou en prisme rayonneux, ou en stalactites, telle qu'il s'en trouve dans les mines de Poullaouen, en Basse-Bretagne. Il s'y en est même trouvé fort communément, & même des mor-

ceaux considérables. Il y a quelque-
temps qu'on en envoya à Paris, de
ce pays, un groupe composé d'une
infinité de cryſtaux, qui peſait plus
de vingt livres. Je cite ce morceau,
parceque c'eſt un des plus beaux & des
plus grands morceaux de mine de
plomb blanche dont on ait jamais entendu parler.

On trouve des cryſtaux de plomb
blanc dans les mines de la Croix en
Lorraine, d'une infinité de formes &
figures différentes. Ces cryſtaux ſont,
pour l'ordinaire, plus blancs & plus
tranſparents que ceux de Poullaouen ;
ces derniers tirent un peu ſur le jaune.

M. Cronſtedt fait mention d'une
mine de plomb blanche arſenicale,
qu'il a trouvé telle par l'examen ; mais
quelques-uns l'ont nié, & ont prétendu, d'après leur eſſais fait ſur d'autres
qualités de mine de plomb, que, vraî-
ſemblablement, M. Cronſtedt s'é-
tait trompé, comme s'il était ſûr que
toutes les mines de plomb blanches
ſoient ſemblables ou de même qualité.
Quoi qu'il en ſoit, cette mine expoſée
ſur le feu exhale une vapeur arſenicale
bien ſenſible.

D'ailleurs, toutes ces mines de plomb
se fondent facilement, & une partie se
convertit en plomb, en même temps,
sans la moindre addition de phlogistique: aussi sont-ce les plus riches mines
de plomb qu'il y ait ; elles donnent jusqu'à 80 ou 90 liv. de plomb au quintal.
Elles contiennent encore une très petite quantité d'argent, comme un demi
ou un quart de lot au quintal.

3°. Mine de plomb verte. Cette
mine est d'un plus ou moins beau
verd ; il s'en trouve des mêmes formes
que les précédentes qualités. On en
voit aussi de cryftallisées en aiguilles,
ou des groupes compofés d'aiguilles
appliquées les unes contre les autres.
Il s'en eft trouvé beaucoup dans la
mine de la Croix, en Lorraine, en
cryftaux ifolés, & dans la mine de
plomb près de Fribourg. C'eft de ce
dernier endroit d'où font fortis les
plus beaux morceaux de cette mine qui
fe foient répandus dans les cabinets.

4°. M. Lhemann a fait connaître
une mine de plomb rouge, que nous
devons rapporter ici, laquelle fe trouve
dans une mine, près de Catherine-

bourg en Sibérie. Il y en a en cryſtaux rhomboïdaux.

5°. Le nouvel Editeur de la Minéralogie de Cronſtedt fait auſſi mention d'une mine de plomb noire, qui eſt très rare à la vérité, mais dont pourtant on en a trouvé de temps en temps en Saxe, eſt-il dit. Pour moi, je n'en ai point encore vu de cette qualité, excepté un morceau venant de Schopeau qui était noirâtre dans ſon intérieur, mais qui ne pouvait pas être rangé ſous cette eſpece, puiſqu'il était véritablement minéraliſé.

Toutes les mines de plomb ne doivent leur couleur qu'au fer, ou à la chaux de fer combinée intimement avec la chaux de plomb.

MINES
DES DEMI-MÉTAUX.

MINES DE MERCURE.

PREMIERE ESPECE.

Cinabre, ou Mercure uni avec le soufre.

ON en a, 1°. de friable ou en poudre, que les Mineurs appellent fleur de cinabre. Il s'en est trouvé de tel dans la mine qu'on exploitait autrefois au Ménidot, près de Saint-Lo en Basse-Normandie. Les eaux en étaient teintes quelquefois ; mais on n'en tirait pas parti, on le perdait avec les eaux.

2°. Cinabre solide ou massif. Il y en a de composé de parties fines, de couleur rougeâtre, ou de chair, ou de couleur de fleur de pêche. Cette couleur ne vient que de ce que les parties du cinabre se trouvent unies & mêlangées avec une terre argilleuse ou calcaire.

3°. Cinabre en aiguilles. C'eft la plus pure & la plus riche de toutes les mines de mercure ; mais il ne s'en trouve pas auffi communément que des qualités précédentes. Il y en a d'un beau rouge, & d'un rouge-brun. Il s'en trouve de beaux morceaux de cette qualité dans les mines du Duché de Deux-Ponts.

4°. Cinabre en forme cubique. Il y en a de tranfparent & d'un beau rouge, ou rouge de rubis. Il s'en eft trouvé de cette qualité à Mufchellandsberg dans le Duché de Deux-Ponts.

M. Cronftedt fait mention, dans fa Minéralogie, d'un cinabre noir ; mais fon Editeur, M. Brinnich, dit qu'il a été induit en erreur.

Le cinabre fe montre fouvent avec la mine de fer ; c'eft ce qui conftitue les mines de mercure communes en quelques endroits comme dans le Duché de Deux-Ponts. Quelquefois auffi il fe montre mêlé & confondu avec la pyrite, telle était la mine du Ménidot, en Baffe-Normandie ; on le trouve auffi avec de la mine d'argent grife ; & enfin avec des terres calcaires ou argilleufes ;

ce qui est bien plus commun. Il se trouve même du cinabre dans des terres où on ne le soupçonnerait pas. M. Pabst d'Ohain, Intendant des Mines de la Direction de Freyberg, m'a fait présent de quelques morceaux d'une matiere grise, terreuse, qui, distillée, donne du mercure.

* IIe. ESPECE.

Mine de Mercure cuivreuse, ou Cinabre uni avec le cuivre.

M. Cronstedt fait mention de cette espece particuliere de mine de mercure, & dit qu'elle est noirâtre, vitreuse dans sa fracture, fragile, laquelle décrépite au feu fortement, & montre son contenu cuivreux après la dissipation du soufre & du mercure, au moyen, dit-il, du borax, qui, poussé à la fonte avec ce résidu, donne un verre rouge de même qu'il le fait avec le cuivre. Mais si M. Cronstedt n'a pas eu d'autres preuves de l'existence du cuivre dans cette mine, que celle-ci, il pourrait bien s'être trompé.

MINES DE BISMUTH.

PREMIERE ESPÈCE.

Mine de Bismuth soufrée, ou Bismuth combiné avec le soufre & l'arsenic.

C'EST de toutes les mines une des plus rares, & la forme sous laquelle le bismuth se présente le plus rarement. Mais c'est un fait sur lequel les Minéralogistes n'ont rien dit, & dont peut être ils n'ont pas eu connaissance. M. Cronstedt est encore le seul qui fasse mention de cette espece de mine ; il dit qu'elle ressemble, par son apparence extérieure, à de la mine de plomb galene. Il en donne de minéralisée par le soufre seul : 1°. en lames minces quarrées, qui, quand elles sont rompues en travers, présentent des rayons aiguillés : 2°. en petites écailles. Il cite les mines de Bastnès proche de Ritterhütte, Besnig, Stripas Jacob, Los en Farila en Suede, où elle se trouve ainsi.

* IIe. E S P E C E.

Mine de Bismuth ferrugineuse , ou Bis-
muth minéralisé avec le fer.

C'est encore M. Cronstedt qui fait
mention de cette espece de mine , qu'il
dit se présenter en écailles angulaires ,
laquelle doit se trouver dans la mine
du Roi , proche de Gellebek en Norwege.

* IIIe. E S P E C E.

Mine de Bismuth commune , ou Bis-
muth minéralisé avec le cobalt.

C'est la mine de bismuth la plus communément décrite par les Minéralogistes ; mais il y a toute apparence qu'ils
se sont trompés souvent à cet égard ,
puisque le bismuth se montre communément vierge parmi la mine de cobalt. On ne peut douter qu'il n'y soit
tel , puisqu'on sait qu'au premier grillage le bismuth s'en sépare purement
& simplement. Peut-être le bismuth
est-il aussi rarement combiné avec le

cobalt qu'il l'est avec le soufre & l'arsenic seul.

IVe. ESPECE.

*Mine de Bismuth en chaux , ou Chaux
de Bismuth.*

C'est encore une mine sur laquelle
on s'est trompé souvent , & on peut
même dire hardiment , au sujet de laquelle on a été induit en erreur presque toujours. En effet , tous les Minéralogistes ont regardé la chaux , ou la
mine couleur de fleur de pêcher ou
pâle-rouge , comme une mine de bismuth ; & il se trouve aujourd'hui
qu'elle ne contient point de bismuth ,
mais du cobalt. Ainsi il faut beaucoup
se méfier des descriptions qu'on donne
sous la dénomination de fleur de bismuth.

De là il résulte encore que la chaux
de bismuth est plus rare qu'on ne pense. La véritable chaux de bismuth est
d'une couleur jaune verdâtre , ou couleur de gorge de perroquet. Cette couleur est au reste plus ou moins claire ,
selon la quantité de matiere étrangere

qui se trouve unie avec elle. Elle est toujours plus ou moins friable. M. Cronstedt cite une qualité d'un jaune blanc,
qui se trouve à Los en Suede.

MINES DE ZINC.

* PREMIERE ESPECE.

Mine de Zinc minéralisée, ou Zinc minéralisé par le soufre.

M. Vallerius & M. Cronstedt ne
doutent pas que cette mine ne soit une
véritable combinaison de zinc, de fer
avec le soufre; mais d'autres trouvent
que cette assertion n'est nullement fondée, & ont nié que le zinc soit véritablement métallique dans cette mine,
& qu'en cet état ce demi-métal puisse
contracter d'union avec le soufre, même
par l'addition du fer. Il paraît que les
Auteurs de Minéralogie se sont copiés
en cela fort exactement, sans se donner
la peine d'examiner la chose par eux-
mêmes. Pour moi, je n'ai jamais vu
une pareille mine. Quoi qu'il en soit,

M. Cronstedt décrit cette mine comme
ayant une couleur bleuâtre métallique,
qui n'est point aussi claire que celle de
la galene, mais pas aussi sombre que les
mines de fer en Suede. Il y en a, est-il
dit, en forme cubique ou composée de
feuillets à Congsberg & Jarlsberg en
Norwege, & de massive à Bovallen en
Tuna en Suede.

IIe. ESPECE.

Mine de Zinc en chaux.

On peut presque assurer qu'il n'e-
xiste point de chaux de zinc sans fer;
qu'en un mot ces mines sont toujours
une combinaison de la chaux de fer
avec la chaux de zinc, plus ou moins pétrifiées ou solidifiées ensemble; & que
les variétés de ces mines dépendent toujours du plus ou moins de proportion
de ces deux chaux. La chaux de zinc
paraît même si identifiée avec celle du
fer, qu'il est rare de trouver de la mine
de fer absolument exempte de zinc. Le
zinc est même si sensible dans quelques-unes de ces mines, qu'il vient
s'attacher à la voûte des fourneaux de

fonderies de fer. C'eſt ce que j'ai déja dit dans mon Traité des Eaux minérales (*) , & ce que M. Grignon,
Maître de Forges & Correſpondant de
l'Académie Royale des Sciences , a con-
firmé quelques années après dans un
Mémoire où il expoſe les eſſais qu'il a
faits ſur quelques mines de Champagne , au moyen deſquelles il a fait du
cuivre jaune.

On a 1°. la calamine pure , qu'on
trouve à Calamine près d'Aix-la-Cha-
pelle , qui eſt griſe , ou d'une couleur
brune-ſombre , ou parſemée de taches
de cette couleur. C'eſt la mine de zinc
la plus riche , & celle qui contient le
moins de fer, & la plus rare ; auſſi eſt-
elle diſtinguée ſoigneuſement des autres quand on la rencontre.

2°. La calamine ocracée ou rougeâtre ; c'eſt la calamine la plus commune.
On en a découvert beaucoup de cette
qualité près de Namur. M. Cronſtedt
fait mention d'une qualité particuliere
qu'il croit mêlangée avec de l'argille ,

(*) Voyez le Mémoire où j'examine la nature des mines de fer , page 276.

qui se trouve à Statteberg en Norberg-
ke; & d'une autre mélangée avec de
l'ocre de plomb, qui se trouve en Angleterre.

IIIe. ESPECE.

*Mine de Zinc vitreuse, ou Blende
de Zinc.*

On nè connaît pas encore précisément quelle est la composition de cette
mine de zinc, qui n'a été reconnue pour
mine de zinc que depuis peu de temps.
Selon M. Cronstedt, il doit exister du
soufre dans les blendes, ou plutôt les
blendes ne sont, selon lui, que la chaux
de zinc combinée avec du soufre par
l'intermede du fer. Ce qui paraît confirmer ce sentiment, c'est que cette mine, fondue avec une matiere phlogistique, devient grise & semblable à de la
mine d'antimoine. Quoi qu'il en soit,
cette matiere paraît être absolument
homogene dans toutes ses parties, &
mérite par cette raison d'être exposée
en particulier, & de faire une espece
à part.

On a 1°. la blende grise jaunâtre ou
brunâtre.

brunâtre. Il s'en trouve abondamment dans les mines de Saxe & dans celles du Hartz.

2°. Brillante, jaunâtre, ou couleur de cire jaune. Il s'en est trouvé plusieurs fois de cette qualité à Sainte-Marie-aux-Mines.

3°. De transparente. Celle-ci est très rare. Il y en a de crystallisée. Les plus beaux morceaux que j'aye vus de cette qualité, c'est dans le Cabinet de M. de Pabst, Intendant des Mines de Saxe; ils sont très transparents, & d'une belle couleur d'or.

4°. Blende rouge ou rougeâtre. Il y en a d à demi transparente.

5°. Blende phosphorique. Cette blende est d'un rouge pâle; triturée dans un mortier elle montre très sensiblement ce phénomene curieux. Cette blende se trouve dans la mine nommée *Scharffenberg*, près de Freyberg. C'est à M. Gellert à qui je suis redevable de la connaissance de la propriété phosphorescente de cette blende. Un jour que j'étais avec ce célebre Métallurgiste dans son laboratoire, il tritura un peu de cette blende dans un mortier de verre, & me fit obferver dans un coin obfcur, qu'à mefure qu'on tournait le pilon, le mortier paraiffait éclairé par l'efflorefcence qui fe produifait par ce frottement.

* 6°. Blende noire, nommée blende de poix. C'eft une qualité que j'expofe d'après M. Cronftedt; car je n'ai jamais pu m'en procurer de pareille. Sahle-berg & Fahiun en Suede font cités comme les deux endroits où elle doit fe trouver.

* 7°. Brune, noirâtre. Je préfente auffi cette qualité d'après M. Cronf-tedt, qui doit fe trouver à Storfalls-berg, en Tuna en Suede.

* 8°. Blende blanche. C'eft encore une qualité que j'emprunte de M. Cronftedt, qui fe trouve à Silberberg en Retterick.

ADDITION.

Il faut prendre garde de ne pas con-fondre ces blendes avec cette couleur de fer d'un gris noirâtre, ou la blende réfractaire qui fe trouve très commu-nément dans les mines de Freyberg, sur-tout dans la mine de Cujat devant la ville de Freyberg. C'est peut-être celle-ci qui mériterait le nom seul de blende, attendu qu'elle n'est non seulement d'aucune valeur, mais même qu'elle est très pernicieuse aux mines dans la fonte. Le caractere propre de cette mine est qu'exposée à l'air libre elle se noircit & se ternit. Quelques-uns croyent que c'est à cause de l'arsenic. On trouve de cette blende configurée & cryftallifée comme de la mine de plomb.

MINES D'ANTIMOINE.

Nous n'avons ici qu'une feule efpece à préfenter, qui est la combinaifon du métal de l'antimoine avec le foufre.

Cette mine est prefque toujours rayonneufe, ou compofée de longues aiguilles cunéiformes. Elle a prefque la couleur du plomb; elle est rude au toucher, elle fe pulvérife; & c'est la mine la plus fufible qu'on connaiffe.

On en a 1°. de cryftallifée en grandes

aiguilles ou à petites aiguilles. Tel
est l'antimoine de Hongrie, de Saxe
& d'Auvergne. On en voit des morceaux dont les aiguilles font pyrami-
dales & prifmatiques, qui fe divergent du centre à la circonférence.

2°. Maffive, compofée de parties
fines. Cette mine eft un peu plus rare
que la précédente, on en trouve cependant en Hongrie. Quand on envi-
fage de près cette mine, ou qu'on l'examine au moyen d'une loupe, on apperçoit que fes parties ne font que des
petites aiguilles très fines, confondues
les unes avec les autres.

3°. Mine d'antimoine rouge. Cet
antimoine a la même texture que la
premiere qualité, mais ordinairement
fes aiguilles ne font pas fi groffes. Sa
couleur ne lui vient vraifemblablement que des parties ferrugineufes
ocracées qui lui font unies. On en trouve dans la mine de Braunfdorf à deux
lieues de Freyberg, & en Hongrie.

M. Cronftedt croit que cette qualité
d'antimoine eft arfenicale, il en fait
par conféquent une efpece particuliere;
mais nous ne croyons pas qu'il foit bien

fondé en cela. Ce qui le donne à connaître est qu'il regarde, comme une infinité d'autres Auteurs, les mines d'antimoine comme toujours plus ou moins arfenicales.

Rarement, pour ne pas dire jamais, trouve-t-on dans le commerce de la mine d'antimoine naturelle. C'est la mine d'antimoine fondue qui a cours, qui est bien plus belle que n'est la naturelle pour l'ordinaire. Mais ce qu'il y a de remarquable, est que l'antimoine conserve toujours très bien son caractere de se cryftallifer en aiguilles par la fonte. La mine d'antimoine, comme les autres, n'est que rarement pure & en mafle dans les filons. Il y en a beaucoup plus qui se trouve répandue dans la roche ou dans la gangue ; c'est la mine que l'on fond le plus ordinairement, & qui se forme en très belles aiguilles quand elle n'a pas été dérangée pendant son refroidissement.

C'est ici que quelques Auteurs de Minéralogie font rapporter la mine en plume, que nous avons préfentée pour la fixieme efpece de mine d'argent.

MINES D'ARSENIC.

Quelques-uns font rapporter fous ce genre la pyrite arfenicale & le mifpickel : il eft vrai que cela paraît fondé à quelque égard , car ces fubftances contiennent affez abondamment d'arfenic pour mériter ce nom : néanmoins le fer qui lui eft uni étant en général regardé comme de plus grande valeur , c'eft-à-dire, plus eftimé parmi les hommes que l'arfenic , elles méritent par préférence , felon la regle que nous avons établie, d'être mifes au rang des mines de fer. D'ailleurs , fi quelqu'un aimait mieux les ranger ici , il n'y aurait en cela aucun inconvénient.

Nous n'avons donc qu'à préfenter fous ce genre les mines d'arfenic en chaux.

PREMIERE ESPECE.

Orpiment naturel , ou Arfenic combiné avec le foufre fous la forme de chaux.

Cette fubftance eft plus rare qu'on

ne penſe , & la plupart des morceaux que l'on montre dans les cabinets ſont factices.

On en a 1°. de jaune couleur de ci-tron, ou de cire jaune. C'eſt cette pre-miere qualité qu'on nomme propre-ment orpiment ; elle eſt dure , ſolide , & ſouvent fort cryſtalline , à demi ou entiérement tranſparente.

2°. De rouge comme du ſang , ou comme de la mine d'argent rouge. Il y en a d'opaque , mais auſſi de tranſ-parente. Cette qualité contient beau-coup plus de ſoufre que la premiere , & c'eſt par cette raiſon qu'il eſt rouge & plus foncé que l'autre. L'une & l'autre qualité ſe montrent dans les mines de Hongrie.

Cette qualité, auſſi-bien que la pre-miere , s'imite très bien par l'art ; on les imite auſſi en grand (*).

(*) Comme ces ſubſtances ſont extrême-ment rares , on s'eſt en effet ſervi de l'art pour imiter les naturelles ; auſſi doit-on beaucoup ſe méfier des morceaux qu'on vend pour na-turels, qui ne ſont le plus ſouvent qu'artifi-ciels.

M. Cronstedt rapporte dans sa Minéralogie, que, lorsqu'on veut préparer le réalgar, on doit ajouter aux pyrites arsenicales des pyrites purement sulfureuses ; sans cela on n'obtiendrait pas de réalgar.

I Ie. E S P E C E.

Arsenic en chaux blanche, ou *Arsenic pur.*

Cette espece est encore plus rare que la précédente.

On en a 1°. en poudre, ou comme effleurie, semblable à de la farine. On en trouve quelquefois à Sainte-Marie-aux-Mines dans les galeries. Cet arsenic est rarement pur, souvent il est mêlangé avec une terre ou calcaire ou autre : on présume que cet arsenic provient de l'efflorescence de quelques mines arsenicales.

2°. En masse, ou massif. Il y en a d'un beau blanc à demi transparent, ou vitreux dans la fracture. Mais celui-ci est incomparablement plus rare que le premier. On en a trouvé à Saint-Andreasberg dans le Hartz, & dans les mines de Scheneberg dans des fentes de la mine de cobalt noir.

MINES DE COBALT.

PREMIERE ESPECE.

Mine de Cobalt ordinaire , ou Cobalt combiné avec l'arfenic & le foufre.

CETTE mine eft d'un gris blanchâtre , fort pefante , dure & folide. Quelques morceaux ont l'apparence métallique. Elle contient très peu de foufre , quelquefois pas du tout , & souvent peu du métal de cobalt : ce qui forme la plus grande partie de cette mine eft l'arfenic & une terre non métallique.

On en a 1°. en maffe informe.

2°. De cryftallifée octogonement , ou pentagonalement avec des furfaces luifantes & polies. On a trouvé autrefois beaucoup de ces deux qualités à Sainte-Marie-aux-Mines.

F v

II. ESPECE.

Mine de Cobalt ferrugineux, ou Cobalt combiné avec le fer & l'arsenic en même temps.

Cette mine est à-peu-près pareille à la précédente, & on en trouve sous les mêmes formes ; ou peut-être n'est-ce que la même chose, car les mines de cobalt de cette espece ne contiennent point de soufre, mais du fer bien souvent (*).

(*) Il y a même lieu de croire que toutes les mines de cobalt contiennent plus ou moins de fer ; car dans la fonte qu'on fait subir à ces mines avec des matieres quartzeuses pour faire le smalte, il se sépare toujours un régule que les Allemands nomment *speis*, qui est une combinaison du fer avec la substance métallique de la mine de cobalt, laquelle exposée à l'humidité se délite à la longue : ce même régule fournit aussi du bleu. Il faut par conséquent que le fer ne soit pas contraire à la formation de la couleur bleue ; mais il se peut très bien qu'il y apporte de la différence selon sa proportion : peut-être est-ce au fer qu'il faut rapporter les variétés qu'on remarque dans le bleu que donnent les mines de cobalt.

* IIIe. ESPECE.

Mine de Cobalt avec le fer sans arsenic.

Cette mine est, selon M. Cronstedt, d'une couleur pareille à la premiere espece ; elle est grenée ou crystallisée. M. Cronstedt dit qu'on en a trouvé de cette espece dans la mine de Bastenës en Suede. C'est M. Brand qui a fait connaître cette mine, & qui l'a décrite dans les Mémoires de l'Acad. Royale de Suede, année 1746.

IVe. ESPECE.

Mine de Cobalt en chaux, ou *Fleur de Cobalt.*

M. Cronstedt décrit les fleurs de cobalt comme étant arsenicales.

Il y en a 1°. de friable, couleur de fleur de pêcher. C'est à cette qualité qu'on a donné fort mal-à-propos le nom de fleur de bismuth.

2°. De solide ou crystallisée. Il y en a de crystallisée réguliérement, d'à demi transparente, d'une belle couleur rouge-rose. M. Pabst, Intendant des Mines de Saxe, possede dans son cabinet le

plus beau morceau que l'on ait encore
vu de cette qualité, fur lequel on voit
des petits cryſtaux tranſparents, &
d'une belle couleur de roſe.

V^e. ESPECE.

Mine de Cobalt minéraliſé ſous la forme de chaux.

C'eſt ainſi que M. Cronſtedt décrit
cette eſpece qu'il croit être minéraliſée
avec le fer & l'arſenic. Cette mine eſt
plus ou moins dure & ſolide ; elle eſt
d'une couleur griſe, noirâtre, ou d'un
noir plus ou moins foncé.

On en a 1°. de terne, & de terreuſe
dans la fracture. Ces deux qualités ſont
nommées par les Allemands *Schlaken-
kobalt*, c'eſt-à-dire, cobalt en ſcorie.
C'eſt l'eſpece qu'on trouve le plus abondamment à Scheneberg en Saxe : il s'en
trouve auſſi abondamment à Saalfeld ;
mais celui-ci eſt beaucoup plus terreux
& moins riche.

2°. Cobalt noir, mou, ocre de cobalt noir appellé par les Allemands
Kobaltmulm. C'eſt la qualité de cette
eſpece la plus rare : Il y en a d'aſſez

semblable au noir de fumée , composé de parties aussi fines aglomérées ensemble ; elle s'écrase facilement entre les doigts. M. Pabst d'Ohain en possede un morceau des plus purs , c'est un des plus curieux de cette intéressante collection par les circonstances que ce savant Minéralogiste a ajoutées lorsqu'il me l'a fait voir. Il m'a dit en avoir fait l'essai avec des matieres inflammables , au moyen du borax , sans en avoir pu obtenir la moindre partie métallique ; d'où M. Pabst conclut qu'on ne peut pas rapporter la couleur bleue que donne le cobalt à la partie métallique ; ce qui, joint à d'autres essais qu'il a faits sur ce sujet , l'a persuadé que la couleur bleue que donne le cobalt est due à un principe particulier , indépendant de la substance métallique. Mais il est bon d'observer ici que M. Pabst , aussi bien que plusieurs autres de la Régence des Mines de Freyberg , regarde le régule métallique qu'on obtient des mines de cobalt , non comme un métal particulier , mais comme une substance accidentelle , provenant de l'union de quelques autres substances métalliques ,

telles que du fer avec l'arsenic. Mais en
cela il nous paraît qu'il est dans l'erreur ; & ceux qui comme lui soutien-
dront cette these seront contredits à
coup sûr par les Métallurgistes Sué-
dois & Français. Une des expériences qu'on leur apportera en preuve de
la fausseté de leur opinion, est que le
verre bleu , quel qu'il soit , traité avec
les matieres inflammables au creuset ,
ne manque jamais de donner un régule absolument semblable à celui
qu'on obtient des mines mêmes de
cobalt. Comment donc cela pourrait-il
être , si ce métal n'était, comme nous
venons de dire , qu'un être accidentel ?

Une autre expérience en preuve, est
qu'aucune combinaison métallique n'a
donné jusqu'ici rien qui pût être rapporté au cobalt. Il se peut très bien que
le régule de cobalt contienne du fer ,
puisqu'il en existe dans les mines : mais
il y a des preuves plus que suffisantes
pour soutenir qu'il existe indépendamment une substance métallique particuliere , qui est la cause de la couleur
bleue dans le verre , & la cause de la
couleur de rose qui se montre toujours

lorfque cette fubftance métallique eft
réduite en chaux.

Il faut faire attention que la plupart
des Auteurs de Minéralogie fe font
trompés fouvent au fujet des qualités de
ce cobalt, & qu'ils les ont confondues
fouvent avec l'arfenic noir, ou l'arfenic vierge, fous la dénomination de
fcherbenkobalt, ou de cobalt teftacée.

ADDITION.

Au furplus on aurait tort de regarder
toutes les qualités de mine de cobalt
noire comme véritablement minéra-
lifées. Il y en a qui n'eft que de la chaux
de cobalt *pure* ou prefque pure. Les mines de Freudenftadt, dans le Duché de
Virtemberg, en ont fourni une qualité
qui en fait la preuve, laquelle fe réduit
prefque toute en régule, & qui, expofée à l'air libre & à l'humidité, s'effleurit & fe convertit en belles fleurs
couleur de rofe.

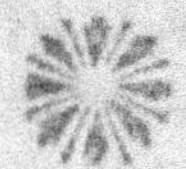

MINES DE NICKEL.

QUELQUES Écrivains & Minéralogistes avaient déja décrit la mine de nickel sous la dénomination de kupfernickel, & ils la regardaient comme une espece de mine cuivreuse: la couleur même de cette mine les induisait à cela, étant d'une couleur semblable au cuivre rouge. Cette mine avait été depuis long-temps observée à Scheneberg parmi la mine de cobalt ; mais n'ayant pas été examinée alors avec attention, elle était regardée ou comme inutile, ou reçue dans les cabinets sous la dénomination dont nous venons de parler. Les choses en étaient là lorsque M. Cronstedt découvrit que cette substance était la mine d'un métal particulier, auquel il donna le nom de nickel. Il publia sa découverte parmi les Mémoires de l'Académie Royale de Suede, années 1751 & 1754. Mais, malgré ses preuves, peu de temps après il trouva des contradicteurs en Allemagne : un des principaux qui se mit sur les rangs, fut le fameux

M. de Justi, qui, dans un Ecrit rapporté dans ses Mélanges, prétend démontrer, d'après même l'extrait du premier Mémoire de M. Cronstedt sur ce sujet, c'est-à-dire, celui de 1751, que M. Cronstedt s'était laissé induire en erreur; mais les raisons qu'il employe pour cela sont si pitoyables, que les Allemands, même les plus endurcis dans leurs préjugés, sont obligés de les désavouer.

On peut voir dans la Minéralogie de M. Cronstedt l'extrait ou le résultat des Mémoires en question, où il est, nous semble, démontré assez clairement que le nickel est un sémi-métal particulier.

PREMIERE ESPECE.

Mine de Nickel, nommée par les Allemands Kupfernickel.

Cette mine, comme nous venons de dire plus haut, est d'un rouge de cuivre, mais un peu plus claire; elle est brillante, massive, dure & solide. Cette mine est mêlée, la plupart du temps, avec la mine de cobalt grise à Scheneberg; aussi n'en a-t on que rarement de pure. De

là vient la difficulté qu'on a d'obtenir ce
sémi-métal pur & exempt de tout mêlange. M. Cronstedt donne cette mine
minéralisée par le soufre, contenant en
même temps du fer & de l'arsenic : mais
dans l'examen que j'ai fait de quelques
morceaux de cette mine, je n'y ai point
apperçu de fer, & même de l'arsenic.
Cette mine grillée devient d'un verd
jaunâtre, couleur que le métal de nickel prend lui même à mesure qu'il se
réduit en chaux ; ce qui, outre sa couleur, peut la faire distinguer de toute
autre mine.

M. Cronstedt cite Los en Helsinge-
land, où il doit se trouver aussi une pareille mine ; mais elle est d'une couleur
plus claire. Je crois qu'on peut présenter cette mine sous deux formes ou apparences ; une en masse informe, &
l'autre composée d'aiguilles, ou qui
semble striée intérieurement. Celle-ci
est absolument pure & exempte de gangue : peut être est-ce là l'état de cette
mine lorsqu'elle est pure. Cette qualité est aussi la plus rare. J'en possede
néanmoins un morceau, qui est sphéri-
que & semblable à un bouton ; il est
posé sur une roche.

* IIe. ESPECE.

*Mine de Nickel sous la forme de chaux,
ou Chaux de nickel.*

Cette chaux, dit M. Cronstedt, est
verte, & se montre telle que l'efflorescence qui paraît sur la mine nommée
kupfernickel. On en a trouvé à Nor-
mark en Vermeland, qui n'était point
sur de la mine, mais mêlée avec de
l'argille, laquelle, ajoute-t-il, contenait un peu d'argent crud.

REMARQUES GÉNÉRALES

sur l'état des Mines dans les filons.

Après avoir exposé les différentes
especes de mine que la nature nous
présente, après les avoir distinguées &
considérées chacune en particulier,
nous allons exposer la maniere dont
elles se trouvent dans les filons & au-

tres situations de mines , ou plutôt l'état des filons eux mêmes (*).

Si les filons étaient remplis de mine par tout , & que ces mines fussent distinguées les unes des autres , il n'y aurait rien à dire après l'exposition que

---

(*) En attendant que nous traitions des filons & des autres situations de mines , matiere si importante pour les Minéralogistes , nous allons donner ici une définition des filons & autres situations de mines.

Les filons sont des fentes dont le diametre est plus ou moins grand , qui vont perpendiculairement dans notre globe , avec plus ou moins de degré d'inclinaison, vers l'un ou l'autre point du monde. Les couches sont également des ouvertures , mais qui sont couchées ou qui vont horizontalement; c'est pourquoi on les appelle couches , ce qu'on doit bien distinguer de ce qu'on nomme couches vulgairement. Ces couches sont à l'égard de la ligne horizontale , ce que sont les filons à l'égard de la ligne perpendiculaire : elles sont aussi plus ou moins inclinées. Les amas nommés par les Allemands *stokeveerc* , sont en effet des amas plus ou moins grands , placés plus ou moins profondément dans le globe , ou occupant des montagnes en partie ou en totalité , où l'on voit souvent des filons se perdre & se confondre , comme à Altemberg en Saxe.

nous venons de faire , sinon que ces différentes mines s'y trouvent , tantôt seules , & tantôt plus ou moins ensemble ; mais il s'en faut bien que la nature soit aussi libérale à notre égard. Nous y trouvons , au grand malheur des entreprises d'exploitations , plus souvent des matieres inutiles ou d'aucune valeur, que des mines , ou nous y voyons plus souvent les mines confondues & dispersées clairement dans des terres & roches , &c. En outre nous pouvons dire que les mines la plupart du temps n'y sont pas distinguées , mais confondues au point que plusieurs especes de mines ne forment ensemble qu'un seul tout ou morceau. C'est ici où il faut que le Minéralogiste sache distinguer les différentes parties ou les différentes mines les unes des autres , & qu'il les sache apprécier selon leur valeur. Il en est de même des terres & des pierres , ou roches dans lesquelles se trouve de la mine répandue & unie intimement. Il est vrai que l'essai vient au secours ; mais outre qu'on n'est pas toujours à même de faire un essai sur les lieux où l'on trouve les mines , la petitesse des

parties de mines , la maniere dont elles
font enfemble , rendent fouvent l'eſſai
impoſſible. Il faut néceſſairement en
juger fur-le-champ par la vue & le tact,
d'après l'idée qu'on a priſe précédemment par l'examen métallurgique fur
chacune de ces mines en particulier.

On peut dire en général que les mines fe rencontrent dans les filons , en
morceaux ou maſſes , & en roche , ou
difperſées dans la roche ou dans de la
terre.

C'eſt fous ces deux états que nous
allons les confidérer ; mais avant nous
devons parler des filons eux-mêmes.
Sans entrer dans un long détail fur ce
fujet , qui trouvera fa place plus juſte-
ment ailleurs, nous ferons obſerver que
les filons fe diſtinguent en pauvres &
en riches. Les riches , comme cela s'entend de foi-même , font ceux qui abon-
dent en mines , tandis que d'autres ne
préfentent la plupart du temps que des
roches , gangues , ou matieres minérales non métalliques. On les diſtingue
encore en nobles & en ignobles. Les
nobles font ceux qui préfentent des
mines ou métaux de grande valeur ,

comme de l'or, de l'argent, des mines d'argent rouge, des mines d'argent vitreufes, &c. tandis que les autres ne donnent que des mines de plomb, de fer, de cuivre, &c.

On appelle filons conftants ceux qui produifent toujours la même efpece de mine; & filons inconftants ceux qui donnent tantôt d'une efpece de mine & tantôt d'une autre (*). Il s'en voit plus des derniers que des premiers : il n'y a guere que les mines de plomb, dont on puiffe dire que la nature nous préfente un peu plus conftamment que les autres dans les filons.

Voici l'ordre dans lequel on peut préfenter les mines ou métaux felon la proportion ou quantité que la nature nous en fournit. 1°. Le fer; 2°. le plomb; 3°. le cuivre; 4°. l'argent; 5°. l'étain; 6°. l'or.

On ne peut examiner ceci, fans être

(*) On fe fert auffi de ces manieres de parler pour défigner un filon qui fe montre toujours le même tant en puiffance qu'en direction, ou qui varie en puiffance & en direction ou penchant.

pénétré d'admiration , puisqu'on voit
que les métaux nous sont donnés dans
la proportion de nos besoins. Personne
ne contestera que le fer ne soit le plus
utile. Le plomb , comme le savent tous
les Métallurgistes , est la base des principaux travaux métallurgiques : sans le
plomb la métallurgie n'existerait pas ,
ou bien misérablement. Le cuivre , malgré le discrédit dans lequel quelques
enthousiastes ont voulu le jetter , est
& sera toujours le plus utile après le
fer & le plomb : ensuite vient l'argent ,
& enfin l'or comme le moins utile de
tous. Pour les sémi-métaux , il ne nous
est pas aussi facile d'apprécier la proportion que la nature nous en fournit ,
non plus que le plus ou moins de besoin
qu'on a d'eux. Mais nous pouvons
risquer de présenter leur proportion
sous cet ordre : 1°. le mercure ; 2°. le
zinc ; 3°. l'antimoine ; 4°. l'arsenic ;
5°. le cobalt , &c.

L'expérience nous apprend qu'on ne
peut pas juger, par la situation d'un pays
ou climat , de l'espece de mine qui y
existe. Quelques-uns s'étaient persuadés que certains pays produisaient des
métaux

métaux ou mines à l'exclusion des autres : ainsi on a dit que le Pérou & l'A-
frique étaient les deux climats naturels
de l'or, & que le plomb devait être au
contraire produit dans les pays froids.
Cependant on voit toujours que cette
regle se dément : on trouve de l'or dans
les pays froids, & dans les pays chauds
des mines de plomb (*). On n'en peut pas
plus conclure de l'état des filons. Qu'ils
courent dans de hautes montagnes, ou
dans des terreins bas ; qu'ils soient plus
ou moins puissants, l'expérience nous
apprend qu'on n'en peut tirer aucun indice. Un filon très puissant dans un pays
donne abondamment de la mine d'argent, tandis qu'un autre situé ailleurs
ne donne que de la mine de plomb,

(*) Ces idées nous sont venues de l'opinion
où étaient quelques Anciens de croire que la
chaleur du soleil contribuait à la production
de l'or, & que le plomb était produit par le
froid ; conséquemment que l'or était chaud, &
le plomb froid. Mais peut-être serait-on revenu
de cette chimere, si on avait fait attention, ou
qu'on eût voulu observer, que la chaleur du
soleil, quelque forte qu'elle soit, ne pénetre
point au-delà de la croûte de la terre, non plus
que le froid.

ou de la pyrite. Un filon qui court en hautes montagnes donne de la mine de cuivre ou d'argent, tandis que, dans un autre pays, un filon courant en même hauteur ne donne que de la mine de plomb ou de la pyrite. Un filon fort étroit se montre par-tout riche, tandis qu'un large ou puissant se trouve fort pauvre ailleurs ; & réciproquement on voit des filons puissants fort abondants en mines, & d'autres fort étroits ne donnant rien du tout, &c. Seulement on peut dire que la nature semble faire une regle générale, quant aux mines de cuivre chyteuses, qu'elle présente presque toujours comme les mines de charbon en couches. On peut d'ailleurs dire qu'il y a certains pays qui donnent plus abondamment ces especes de mines que d'autres. Par exemple, la Bretagne peut être citée comme un pays qui donne par-tout des filons de plomb, tandis que la Hongrie & le Chili donnent de l'or & de l'argent.

Lorsqu'un filon s'annonce par une seule espece de mine, ou qu'elle s'y montre plus abondamment & plus souvent que toute autre, on le désigne par

le nom de cette mine : ainſi on dit,
filon de cuivre, filon de plomb, &c.

Les mines qui ſe préſentent, ou qu'on
a trouvé le plus communément maſſi-
ves dans les filons, ſont 1°. les mines de plomb ; 2°. la mine d'argent
griſe ; 3°. la mine de cuivre ; 4°. la
mine d'argent vitreuſe, & 5°. la
mine de fer ou hématite. On en a
trouvé juſqu'à pluſieurs quintaux pe-
ſant. Tout le monde connaît l'hiſtoire
de ce bloc de mine d'argent trouvé
dans les mines de Saxe, qui ſervit de
table au Souverain de ce pays. A-peu-
près vers l'an 1755 on trouva à Sainte-
Marie-aux-Mines une maſſe conſidérable d'argent cru, qui garniſſait entiérement le filon : en pluſieurs fois,
ſelon ce qui m'a été dit, on en tira 2
quintaux. J'ai vu une maſſe de mine de
plomb-galene de plus de 6 quintaux.
C'eſt ce qu'on appelle rencontre heu-
reuſe, fortune, &c. (*). Ou les rencontres font partie de la roche, ou elles

---

(*) On entend auſſi par rencontre ou fortune, lorſque dans un filon qui ne fourniſſait
que de pauvres mines, ou que des mines de

remplissent entiérement les filons ; en
sorte qu'il n'y a que la lisiere qui soit
de la roche ou gangue : mais rarement
elle se montre entiere, & par-tout
mine. Il s'y trouve souvent des crystaux, ou parties de roche mêlées ou
posées dessus : il en est de même quant
aux petits morceaux de mine. Mais
quand la roche ou gangue ferait un
tiers, & même les deux tiers d'une
masse, on l'appelle toujours piece de
mine ou morceaux ; ce que les Minéralogistes Allemands désignent par le
mot *Stuffe*. On distingue deux especes
de morceaux, les uns massifs, & les autres crystallisés (*). Les massifs sont
ceux qui paraissent être entiérement
de mine, sans forme réguliere ; & les
autres ne sont souvent que des crys-

---

pauvre valeur, telle que celle de plomb ou de
fer, on y trouve tout à coup des mines riches,
comme de la mine d'argent rouge, de la mine
vitreuse, ou de l'argent cru.

(*) Toutes les mines sont formées par la
crystallisation, mais on s'est accoutumé à désigner ainsi particuliérement celles qui ont
quelques formes régulieres.

taux de mine placés fur la roche ou confondus avec la roche. Ceux-ci font toujours les plus agréables & les plus beaux à voir, & fouvent auffi les plus variés. On diftingue encore les morceaux de mine, en mine unique & en mine variée. Par mine variée on entend des morceaux dans lefquels on diftingue plufieurs fortes de mine. C'eft ici une des parties les plus curieufes de la Minéralogie. En effet on obferve que la nature affecte de préfenter plus fouvent enfemble telle ou telle mine que telle autre. C'eft de quoi auffi il eft néceffaire que les Minéralogiftes, Directeurs de Cabinets, foient inftruits pour éviter les furprifes & les fupercheries que la cupidité leur préfente (*).

Voici l'état des morceaux de mines variées, ou compofées de plufieurs for-

---

(*) Des gens, fans avoir la moindre connaiffance en minéralogie, ou plutôt des Brocanteurs, s'appercevant du goût des Amateurs de collections pour le merveilleux, s'attachent autant qu'il leur eft poffible à faire trouver enfemble les efpeces les plus rares, & à faire des morceaux les plus extraordinai-

tes de mines (*) , qu'on a obfervés , &
qui doivent être connus de tous les
Minéralogiftes.

On a 1°. la mine d'argent grife avec
de l'argent cru , avec de la mine d'argent rouge , & avec l'arfenic. L'argent
vierge s'y montre fouvent en forme de
cheveux ; la mine d'argent rouge & l'arfenic en boutons.

2°. La mine de cobalt cryftallifée
avec de l'arfenic & de la mine d'argent
rouge , avec du bifmuth , du kupfernickel , & avec de la mine d'argent
grife. Ce dernier mêlange ne s'eft vu
jufqu'ici guere qu'à Salfeld & à Sainte-
Marie-aux-Mines.

3°. Mine d'argent vitreufe avec de

---

res. Ainfi on ajufte de l'argent rouge ou de
l'argent cru en groupe fur une cryftallifation.
La contrefaction des morceaux eft aujour-
d'hui un art très étendu ; auffi voit-on affez
communément dans les cabinets de ces morceaux factices.

(*) Nous n'entendons ici que les mines
qui font confondues enfemble & ne forment
qu'une même maffe ; car , d'ailleurs , on doit
favoir que prefque toutes les efpeces de mines
peuvent fe trouver enfemble dans le même
filon.

la mine d'argent rouge. Ce n'eſt qu'à Freyberg que cette mine s'eſt montrée ainſi mêlangée.

4°. Mine de cuivre ordinaire avec de la mine d'argent griſe , & avec toutes les autres ſortes de mine de cuivre.

5°. Toutes les eſpeces de mines de plomb enſemble : la mine de plomb griſe avec la mine d'argent griſe.

6°. Mine de cinabre avec de la mine de fer & avec de la pyrite.

7°. Mine d'argent blanche avec du cobalt & de la mine de cuivre arſenicale.

8°. J'ai vu encore un morceau de cuivre jaune dans lequel il y avait de la mine d'argent rouge ; & c'eſt une rareté en minéralogie. On a auſſi dans les filons des morceaux de mines iſolés , c'eſt-à-dire , qui ne tiennent à aucune autre ſorte de mine : telles ſont quelquefois les pyrites & la mine de fer rouge , ou hématites.

On a encore des morceaux qui ne ſont point , à proprement parler , des morceaux de mines particuliers , mais des mêlanges de quelques parties de

mines ou d'argent cru dans des roches
ou terres : tel eſt ce qu'on nomme mine
graſſe , merde d'oye , & gur, dans leſquelles ſe trouvent répandues quelques parties de mine riche , ou d'argent rouge , ou d'ocre de plomb, ou
de cuivre , &c. Telle eſt auſſi la pré-
tendue mine alkaline que M. de Juſti
ſe vante d'avoir découverte , qui n'eſt
autre choſe qu'une roche calcaire , dans
laquelle ſe trouvent mêlangées quelques parties d'argent vierge.

Enſuite vient la mine que les Allemands nomment mine de triage ; ce
ſont des maſſes de la ſubſtance du filon ,
dans leſquelles ſe diſtinguent d'une ou
de pluſieurs ſortes de mines , en parties
plus ou moins grandes. Les maſſes ren-
dues au jour ſont briſées & dépouil-
lées de leurs parties de mines. Le reſte ,
dont on ne peut plus rien ſéparer , mais
qui contient cependant des parties de
mines fines , eſt jetté au tas pour le bocard.

Enfin on a des parties de filons dans
leſquelles on ne diſtingue aucune partie de mine ſéparable , mais des parties

de mine fort fines : c'est ce que les Allemands nomment *Pochertz* , mine de *pilage*. Souvent même les parties ou masses ne contiennent pas par-tout de la mine ; c'est pourquoi on doit les examiner dans la mine , au moyen de l'augette à main ou de la sébille, ainsi qu'on le fait en plusieurs endroits , tel que dans la mine d'Altemberg , afin de ne pas les faire parvenir au jour inutilement.

Maintenant nous avons à examiner les matieres qui se trouvent dans les filons , qui ne sont pas mine. On a coutume dans bien des pays de nommer gangue tout ce qui n'est pas mine , ce que les Allemands nomment *Taubebergarten*. Mais il me paraît que ce serait beaucoup mieux de nommer ainsi toute substance pierreuse ou terreuse , qui n'a aucun caractere décidé , ni par la forme, ni par la solidité , ni quant à la fracture. Ces substances se montrent en grande quantité , très variées en couleur & en solidité.

On en a , 1°. de grise , noirâtre , à grains plus ou moins fins , & de plus ou moins solide. Cette gangue est la plus commune ; elle accompagne presque toujours la mine de plomb (*).

2°. De friable, feuilletée, ou chyreuse. Celle-ci s'effleurit à l'air, & se trouve aussi avec la mine de plomb.

3°. Gangue grise, ou roche blanche. Il y en a de granuleuse, quelquefois même elle semble être composée de grains de différente nature. Celle-ci se trouve dans toutes sortes de filons & avec toutes sortes de mines. Il se voit aussi souvent de ces gangues qui sont mêlangées avec du fer, ou avec des parties de fer ocracées. Il y a beaucoup de filons qui sont garnis entièrement de ces substances, parmi lesquelles on ne trouve que de temps en temps des parties de mine , & dans lesquelles on trouve des excavations remplies ou incrustées de

----

(*) Il semble que la Nature dispose cette espece de gangue à passer à l'état de mine de plomb ; car non seulement la couleur le fait présumer, mais encore la pesanteur , qui est quelquefois très considérable ; même quelques parties de cette gangue exposée au feu donnent des vapeurs qui annoncent du soufre.

cryftaux de roche ou de mines. On y
trouve auffi de l'argent cru qui y eft
caché & envelopé. Il faut beaucoup
d'attention pour l'en dégager en entier & n'en pas brifer les branches.

On a encore, indépendamment de
ces fortes de gangue, une terre graffe
comme argilleufe, ocracée, rougeâtre
ou bleuâtre, qui garnit les filons ou
entiérement ou pendant un certain ef-
pace de temps. Il s'y trouve quelquefois de la mine & de l'argent cru en
tranche ou filamenteux.

Maintenant nous avons les cryftaux
& roches à examiner, auxquels nous
ajouterions les blendes, fi elles n'a-
vaient pas été comprifes dans la defcription des mines. Les cryftaux & les
roches qui fe trouvent dans les filons,
font en fi grand nombre, leurs variétés
font fi grandes, que fi nous voulions les
détailler, nous ferions obligés de nous
étendre beaucoup trop pour notre fujet; ce qui ferait d'ailleurs inutile, attendu que toutes ces fubftances ont été
déja examinées & décrites dans plufieurs livres de Minéralogie. Nous devons feulement les envifager comme

faisant partie des filons, & comme accompagnant les mines (*).

Je crois qu'on peut diviser ces substances en quatre sortes, toutes ayant
des caractères & des propriétés essentiellement différentes les unes des autres : qui sont, 1°. les fluors; 2°. les
spaths calcaires; 3°. les spaths pesants;
4°. les quartz, sous lesquels sont com-
pris les cristaux & pierres précieuses.
Ces substances se trouvent ordinairement dans les excavations des filons,
souvent mêlangées avec les mines auxquelles elles servent de base quelquefois.

Si les mines affectent d'être plutôt
avec telle substance qu'avec telle autre, c'est ce qu'on ne saurait dire précisément, vu que tantôt on trouve les
mines unies avec une de ces substan-

(*) Aucun Auteur de minéralogie n'a expliqué précisément leur situation, & n'a dit
que ce fût des produits de filons : ce qui, selon nous, est une grande faute ; car ceux qui
veulent étudier la minéralogie ne peuvent
prendre de justes idées sur leur formation ni
sur la minéralogie en général, ou du moins
que très imparfaitement.

tes , & tantôt avec une autre d'un caractere oppofé. Et tous ceux qui fe font
exprimés par le mot de matrice , n'ont
prouvé par-là que leur ignorance ou le
peu d'habitude qu'ils avaient d'obferver les mines. Il eft très certain qu'il
n'y a rien de conftant à cet égard ; que
tantôt on voit de la mine d'argent grife , par exemple , fur ou avec du fpath
calcaire , & tantôt fur le quartz. Il en
eft de même de la mine de cobalt. On
voit dans certains pays de la mine d'argent rouge fur du quartz blanc , & ailleurs fur du fpath , &c.

Il arrive même fouvent qu'on trouve
des maffes de mine ou groupes , dans
lefquels on diftingue tout - à - la - fois
les quatre efpeces de roches que nous
avons nommées , avec toutes fortes de
mines. Seulement on voit que le fpath
pefant eft plus rare que les autres. Il y
a même des filons ou pays qui n'en
donnent jamais. Cependant il s'en
voit des filons entiers à Volfach & Vi-
degen dans le Firftenberg. C'eft auffi
une des chofes qui rendent ces exploitations de mines très curieufes. Les fluors
clairs , verds, font auffi rares ; mais on

en trouve plus communément que des
spaths pesants. Mais ce qu'il y a de
plus commun dans les filons sont les
spaths calcaires & les quartz, ou matiere quartzeuse & spathique. Joignons
à tout cela du fer sous la forme d'ocre
ou autrement, & nous aurons la totalité des matieres qui se trouvent dans
les filons.

Il nous reste maintenant à parler de
la situation des mines qui se trouvent
hors des filons; nous n'avons guere que
les mines de fer & les pyrites. Les premieres se trouvent sans ordre, ou dispersées dans une terre grasse, ocracée,
sableuse, depuis 6 jusqu'à 50 pieds en
profondeur. Telles sont nos mines de
fer de France. On ne croit pas que ces
mines ayent été formées dans ces lieux;
quelques uns les regardent comme de
transport. Mais il me semble qu'on n'a
à ce sujet que des suppositions desti-
tuées de fondement. Presque toutes ces
mines, étant figurées & entourées, ou
envelopées d'une terre fine, annoncent
qu'elles se sont formées aux lieux où
elles se trouvent. On a lieu seulement
de croire que le fer ou la matiere de ces

mines vient d'ailleurs : on peut les regarder comme appartenant à une révolution secondaire , ou , si l'on veut ,
comme de seconde formation.

Cependant toutes les mines de fer
ne se trouvent pas ainsi : il y en a beaucoup qui se trouvent dans les filons ,
sans parler qu'il n'y a peut-être pas au
monde de mine qui ne se montre toujours plus ou moins ferrugineuse , soit
que le fer y soit combiné , ou appliqué
extérieurement. On en voit à Sainte-
Marie-aux Mines de grise & ocracée ,
crystallisée. Parmi ces mines hors des
filons on ne trouve rien de remarquable ; nous ferons seulement observer que tous ces morceaux ne sont pas
égaux : il y en a qui sont légers , poreux
& semblables à une scorie. Les ouvriers
qui enlevent cette mine pour les fonderies de fer , doivent être instruits de
leur bonté , ce qu'ils peuvent reconnaître au tissu serré & à leur pesanteur.
Pour les morceaux de la derniere qualité , ils sont nommés mine détruite , &
ne sont pas mis au tas de la bonne
mine.

Quant aux pyrites hors des filons, tout

le monde fait qu'elles fe trouvent dans
des glaifes & dans des crayes fous formes fphériques ou en cylindres ronds ,
dont l'intérieur eft toujours difpofé en
aiguilles , comme nous l'avons fait remarquer précédemment. Ces pyrites
doivent être entiérement diftinguées de
celles qui fe trouvent dans les filons , en
ce qu'elles font beaucoup moins fulfureufes. C'eft une remarque que nous
avons déja faite , lorfque nous avons
parlé de ces mines de fer ; mais nous
remarquerons ici, de plus, qu'elles contiennent beaucoup plus de terre , &
que le fer n'y eft pas en auffi bon état
que dans les pyrites à filons, c'eft-à-dire
qu'il approche plus de l'état de chaux.
C'eft ce qu'on remarque bien aifément
dans l'opération de la vitriolifation, par
la quantité d'eau mere ou d'ocre qu'elles donnent ; elles s'effleuriffent d'ailleurs bien plus facilement que celles
des filons.

Enfin nous finirons par obferver les
rencontres de mines dans des cavités
de montagnes ou dans des roches. L'hif-
toire minéralogique nous fournit plufieurs exemples qu'on a trouvé des mor-

ceaux ou blocs de mine hors des filons
plus ou moins confidérables , foit dans
la roche calcaire , foit dans de la roche
quartzeufe. Telle était la mine de
plomb en Baffe-Normandie : c'était des
blocs énormes de galene dans de la
pierre à chaux. Mais on ne doit point
faire de fonds fur ces fortes de rencontres , parcequ'il fe peut qu'après avoir
fait une pareille rencontre on n'en trouvera plus du tout, n'ayant aucune fituation réguliere. De là vient la néceffité
de connaître la vraye fituation des mines , qui font les filons ou couches.

Outre cela , il eft arrivé quelquefois
qu'on a rencontré des morceaux de
mine fur la furface de la terre , fans favoir d'où ils venaient. C'eft ainfi que
M. de Juffieux rencontra aux environs
de Nantes un morceau de roche fur lequel on diftinguait des cryftaux de
mine d'étain (*).

(*) Ces morceaux pourraient bien être auffi
des parties détachées de filons inconnus ; ce
pourrait bien être même des indices de l'exiftence de filons dans le pays où on les trouve.

NOTICES

sur différentes Mines , tant d'Allemagne que de France.

Mines de Ramelsberg , près de Goslar dans le Bas-Hartz.

CETTE mine est une des plus célebres & des plus anciennes qu'il y ait en Allemagne , puisque , selon Albinus , elle était en exploitation dès l'année 968, au temps de l'Empereur Othon I. Le filon qu'on y exploite actuellement est aussi un des plus remarquables par son énorme puissance (*), qui est quelquefois de 42 à 50 toises. C'est cet énorme diametre qui l'a fait regarder par quelques-uns comme une mine en amas : il court dans une haute

---

(*) On entend par puissance d'un filon son épaisseur , ou la distance qu'il y a du chevet à la couverture du filon.

montagne du nom de Ramelsberg déja
connue. La fubftance de ce filon eft très
dure & folide ; en forte qu'on eft obligé, pour plus d'avantage, de l'exploiter au moyen du feu , c'eft-à-dire
qu'on y pofe des feux avec du bois
pour attendrir fa fubftance , afin que
les ouvriers puiffent l'abattre & la détacher aifément. Il n'y a guere non plus
de filon auffi mêlé que celui ci. On y
trouve, 1°. de la mine de plomb, dont
il y en a en gros cryftaux cubiques, en
maffes informes, ou à grains. Cette mine eft fort pauvre en argent, puifqu'elle
ne tient guere plus d'un demi, & tout
au plus un lot. 2°. Mine de cuivre jaune, dont il y en a de pure maffive, &
en petites parties. 3°. Pyrite jaune &
brune.

Le plus fouvent toutes ces mines s'y
trouvent mêlangées & confondues enfemble avec de la gangue ou roche
grife très dure, parmi laquelle on trouve du fpath pefant, du quartz blanc qui
donne feu avec le briquet, de la roche de
corne. Les parties de mines de plomb,
de cuivre, d'argent & de pyrites cuivreufes, font traitées enfemble & grillées

d'abord , dont on retire pendant le grillage , qui se fait toujours en grand , le
soufre qui se rassemble dans des cavités
qu'on pratique dans les tas. Les pyrites
ferrugineuses qu'on peut obtenir à part
sont transportées dans la ville de Gos-
lard, où l'on en fait du vitriol. C'est parmi
la mine de plomb ordinaire ou granuleuse , qu'est contenue ou intimement
mêlée la mine qui fournit le zinc ; mais
on ne sait pas précisément si cette mine
de zinc y est indépendante & distinguée , ou si elle est unie avec la mine
de plomb ; en sorte que l'un & l'autre
ne fassent qu'un tout ou une seule mine
ensemble. C'est aussi cette même mine
qui fournit le vitriol blanc , ou le vitriol de zinc (*) que l'on en obtient par
la lixiviation qu'on en fait lorsqu'elle
a été grillée.

Il coule dans cette mine , comme
dans presque toutes celles dont les filons sont vastes , ou qu'on exploite au
feu , une eau vitriolique , cuivreuse ,

(*) C'est cette mine qui fournit tout le vitriol blanc qu'il y aujourd'hui dans le commerce.

dont on obtient le cuivre par le moyen du fer ou ferrailles qu'on met dans des auges de bois , dans lesquelles on fait couler cette eau.

Mines des environs de la Clausthal dans le Haut-Hartz.

On remarque plusieurs filons en exploitation aux environs de cette ville , qui tous donnent abondamment , mais plus particuliérement les uns que les autres, de la mine de plomb , tenant assez considérablement d'argent , puisque l'on en voit des morceaux qui donnent jusqu'à treize lots d'argent. Mais plus communément cette mine ne donne que depuis trois jusqu'à huit lots d'argent au quintal. Son produit en plomb est depuis trente jusqu'à quarante livres. On y remarque , 1°. de la mine crystallisée en gros ou en petits cubes ; 2°. en grains mêlangés & dispersés dans la roche , qui est la qualité de mine la plus commune , & qui est destinée pour le bocard. Cette mine se trouve encore mêlangée avec d'autres matieres , telles qu'avec du spath ou roche spathique , & avec de la gangue grise , &c.

Mines de Saint-Andreasberg.

Il y aussi plusieurs filons ici en exploitation , dont les principaux & les plus renommés sont ceux qui sont près de la ville de Saint-Andreasberg. La plupart de ces filons courent en hautes montagnes. Les mines qui sont près de Saint-Andreasberg donnent , 1°. de la mine d'argent rouge , qui est d'un rouge sombre , solide & massive ; 2°. de la mine d'argent grise ; 3°. de la mine de cobalt très arsenicale ; 4°. de la mine de plomb , dont il y en a en masse ou crystallisée en cubes. La qualité de mine ordinaire & la plus commune ici consiste en mine d'argent grise & autres mêlangées & répandues finement & rarement dans de la roche. Les plus pauvres morceaux sont jettés au tas du bocard , pendant que les plus riches sont fondus , après avoir été brisés en petits morceaux. Les minéraux qui se trouvent mêlés avec ces mines dans les filons , font du fpath , du quartz , dont il y a fouvent des cryftallifations.

Dans les autres mines de ce canton , on trouve , indépendamment de ce que nous venons de rapporter , de la mine de cuivre jaune ou pyrite cuivreufe.

La mine d'argent grife donne depuis deux jufqu'à quatre marcs d'argent au quintal , & depuis dix-huit jufqu'à vingt-quatre livres de cuivre. La mine de plomb pure ne donne que jufqu'à quatre lots d'argent au quintal , trente jufqu'à cinquante livres de plomb. Pour le produit de la mine d'argent rouge , il va depuis trente jufqu'à cent marcs au quintal.

Mines de Lauterberg.

Ces mines font aussi fituées dans le Haut-Hartz : elles ont pris le nom du village de Lauterberg , à dix lieues de la Clausthal. On divife ces exploitations en deux efpeces , en une qu'on nomme mine de plomb , & l'autre mine de cuivre ; ce qui vient de ce que quelques - uns des filons qui composent l'une de ces exploitations fournissent en même temps de la mine de plomb.

L'exploitation des mines de cuivre donne, 1°. de la mine de cuivre dont il y en a de pauvre & mélangée avec la roche , & de la mine verte aussi mélangée avec la mine de cuivre ordinaire ; 2°. mine de cuivre noirâtre semblable à une scorie ; 3°. mine de cuivre bleue ou violette, d'un tissu granuleux. Cette mine est de l'espece des mines de cuivre vitreuses.

La mine de cuivre donne jusqu'à vingt-quatre livres de cuivre au quintal.

La mine brillante , semblable à une scorie , donne jusqu'à quarante livres ; & la mine de cuivre vitreuse violette soixante & dix jusqu'à quatre-vingts livres de cuivre au quintal. On trouve parmi ces mines du spath , des crystaux blancs , & des crystallisations de ces deux especes.

Les autres filons donnent aussi de la mine de cuivre ordinaire , mais en même temps de la mine de plomb crystallisée

tallisée qui donne depuis deux jusqu'à quatre lots d'argent au quintal.

Indépendamment de ces mines, on trouve encore dans les environs de Lauterberg des mines de cuivre chyteuses, ou des chytes cuivreux, mais dont l'exploitation, à l'heure que j'écris ceci, n'est point en vigueur.

Mines de Mansfeld.

Ces mines sont des couches de chytes cuivreux : on remarque dans ce canton plusieurs de ces couches qui sont plus ou moins épaisses ; il y en a de quelques pieds d'épaisseur, & d'autres qui n'ont pas plus de sept à huit pouces. Ces couches ne sont ni parfaitement horizontales ni parfaitement inclinées ; elles s'abaissent ou s'élevent quelquefois sous ou sur ces deux lignes. Ces chytes cuivreux sont de plusieurs qualités : il y en a d'entiérement noirs & de gris, d'un grain plus ou moins fin. On y remarque des impressions de plantes & de poissons, comme sur toutes les mines de cette espece.

H

Quant au contenu de cuivre de ces chytes, il va depuis une jufqu'à trois livres au quintal. Il eft vrai qu'on ne compte pas les fontes qu'on en fait comme les autres mines , par quintal , mais par une mefure nommée *fuder* , à-peu-près de quarante-fept quintaux de France , de laquelle on n'obtient fouvent , tout au plus haut , qu'un quintal de cuivre. Mais l'abondance & la facilité qu'on a d'exploiter ces chytes , fuppléent à leurs petits produits. Cependant tous ces chytes ne font pas également cuivreux ; il y en a qui ne contiennent que très peu ou pas du tout de cuivre , ce qui caufe un triage & un choix exact à mefure qu'on les fort au jour. Les chytes cuivreux fe reconnoiffent par une certaine pefanteur , & par un tiffu ferré & fin.

Le cuivre eft minéralifé dans ces chytes , puifque par la fonte il ne donne pas tout de fuite du cuivre noir, comme quantité d'autres , mais une matte qu'on grille.

Le cuivre de ces chytes tient un peu

d'argent qu'on en sépare par la liquation; d'ailleurs le cuivre qu'on en obtient est très bon & très malléable.

Mines de Rothenbourg.

Ce sont encore des chytes cuivreux comme ceux du canton de Mansfeld.

Mines du canton ou de la Direction de Freyberg.

On divise les mines de ce pays, en mines en montagne, & en mines de la ville de Freyberg, ou près de la ville de Freyberg, proprement dit.

Il n'est peut-être point de pays au monde qui présente un plus grand nombre de filons que les environs de Freyberg, dont quelques uns sont fort puissants, ou ont plusieurs toises d'épaisseur. Tous ces filons se dirigent diversement & observent les quatre directions générales décrites depuis longtemps par MM. les Minéralogistes de Saxe (*). Ces filons sont plus ou moins

____

(*) Les Saxons sont les premiers qui ayent

éloignés les uns des autres , comme d'une demi-lieue ou une lieue ; en sorte que ce pays est comme coupé & traversé presque de tous côtés par des filons. Mais ce qu'il y a de remarquable , est que ce pays n'est point en montagnes , mais coupé seulement par de profondes vallées , de temps en temps , qui donnent la facilité de décharger les eaux des mines , au moyen des galeries qu'on y fait aboutir. Ce pays ressemble assez au canton de Poullaouen en Basse-Bretagne ; il n'y a peut-être pas de pays de mine au monde qui se ressemblent plus que ces deux-là.

Les filons de Freyberg ne sont pas constants , ni dans leur produit , ni dans la qualité des mines ; il n'y en a pas aussi qui donnent une si grande

---

fait observer que les filons observent des directions constantes ; que ces directions sont de quatre sortes , savoir , de l'est à l'ouest , du nord au sud , du sud-ouest au nord-est , & du sud-est au nord-ouest. Cette observation , qu'on a appliquée ailleurs, s'est trouvée juste, & on a observé pareillement que les filons couraient selon l'une ou l'autre de ces quatre directions.

quantité de différentes especes de mines. Mais en général on peut dire qu'ils
donnent , 1°. de la mine de plomb ,
dont il y en a de massive cryftallifée
cubiquement ; d'autre en grains, & de
légere , ou mêlée avec des matieres
étrangeres. 2°. De la pyrite arfenicale
tant foit peu cuivreufe quelquefois.
3°. De la pyrite arfenicale blanche ou
mifpickel. La mine nommée la *mor-*
genftern , à une petite lieue de la ville
de Freyberg , fe diftingue fur-tout par
ces trois efpeces de mines. 4°. De la
mine d'argent grife. 5°. De la mine
d'argent blanche que les Allemands
appellent *Weifgüldenerz* ; mais cette
efpece y eft, comme par-tout ailleurs ,
fort rare. Plus communément on y voit
une autre efpece de mine d'argent très
blanche, fort pauvre en argent, qui eft,
à proprement parler , la mine défignée
par Henckel, fous le nom de pyrite arfenicale tenant argent. Cette mine ne
differe guere du mifpickel que par un
peu d'argent. Voyez l'efpece troifieme
des mines d'argent. Il y en a qui eft
maffive , d'autre en grains brillants ,
entaffés les uns fur les autres , ainfi

qu'on en tire du filon de Braunſdorff.
6°. Mine de cuivre jaune ou mine de
cuivre ordinaire. 7°. Mine d'agent vitreuſe , ou mine formée de l'union
ſimple de l'argent avec le ſoufre.
L'exploitation qui fournit le plus de
cette mine , & qui ſe ſoit toujours diſtinguée en cela des autres , eſt celle
qu'on nomme *Himmelsfürſt* , c'eſt-à-
dire, Prince du Ciel , à deux lieues de
Freyberg ; on y en trouve quelquefois
des blocs d'un quintal : on en a de
malléable & d'aigre : on en voit auſſi
comme farineuſe ou qui ſe met en
poudre , qui eſt grisâtre ou blanchâtre.
Cette qualité lui vient vraiſemblablement de ſon mélange avec quelque
terre , telle qu'avec celle que les Allemands nomment *Steinmark*. C'eſt la
mine nommée *Morgenſtern* qui en a
fourni pluſieurs morceaux de cette
qualité. 8°. Mine d'argent rouge. C'eſt
encore la mine nommée *Himmelsfürſt* ,
qui fournit le plus de cette eſpece de
mine , laquelle s'y trouve ſouvent unie
& confondue avec la mine d'argent
vitreuſe. On ne trouve dans ce filon
ſouvent qu'une roche quartzeuſe pé-

nétrée de petites parties d'une mine d'argent grise brune , qui est elle-même fort riche , mais qui par malheur y est dispersée fort clairement. 9°. Mine d'antimoine , dont il y en a de grise & de rouge. Braunsdorff est l'exploitation qui fournit le plus de cette espece de mine ; mais elle n'y est point traitée , & ne sert qu'à orner les cabinets de minéralogie , ainsi que la mine blanche arsenicale ou mispickel qui ne tient point d'argent. 10°. Mine de cobalt grise. Toutes ces mines ne font point de continuité dans les filons , même pour quelque temps. Tantôt on y en trouve d'une espece , tantôt d'une autre ; excepté cependant la mine de plomb dans l'exploitation nommée la *Morgenstern* , & dans celle nommée *Cujat* , devant la ville de Freyberg , qui , au moins pendant le séjour que j'ai fait dans ce pays , ont fourni constamment de cette mine. Il est vrai que ce qui y est le plus constant en mine , & ce qui fait dans ce canton , pour ainsi dire , le fonds de ces exploitations , font la mine de plomb & la mine d'argent blanche pauvre , dont nous venons de

H iv

parler : l'une & l'autre sont divisées &
parsemées souvent dans la roche ou
gangue des filons, ce qui fait abondamment de la mine à bocard ou à piler ;
aussi y a-t il dans toutes ces exploitations des bocards & laveries, & une
maison de triage.

On livre aux fonderies les mines en
trois états (*) : savoir, la mine de lavage ou provenant du bocardement :
2°. la mine rompue ou brisée en petits
morceaux, qui n'est souvent que de la
roche très dure, dans laquelle se trouvent dispersées des petites parties de
mines, qu'on aime mieux fondre ainsi
cruement que de les épurer par le lavage, parcequ'étant fort légeres elles
seraient entraînées & emportées en par-

____

(*) Les fourneaux dont on se sert dans ce
pays sont ceux que l'on connaît sous le nom de
hauts fourneaux. Il faut avouer qu'ils y sont
nécessaires ; car, comme on est dans le cas
de fondre des mines mêlées de roche très réfractaires, on a besoin d'un feu long-temps
soutenu pour que la précipitation se fasse.
On y a aussi des fourneaux courbes, qui servent
au repassement des mattes, avec la mine de
plomb, pour emporter l'argent après le grillage, ou pour faire les gâteaux de liquation.

tie par les eaux ; pour la mine de plomb, étant pesante , on n'a point à craindre cet inconvénient ; 3°. en morceaux de mines pures ou riches : c'est entendu principalement pour la mine d'argent vitreuse & rouge , qu'on se garde bien de passer au fourneau, mais qu'on jette tout de suite dans un bain de coupellation (*).

La mine en morceau est fondue avec la pyrite. Dans cette fonte les parties de mine dispersées dans la roche, qui ne sauraient se rassembler sans cela, & qui seraient fondues en pure perte , s'unissent avec les parties de la pyrite ; d'où résultent des mattes d'argent, qu'on traite ensuite selon la maniere accoutumée. Cette opération qui est une des plus industrieuses & des plus importantes de la métallurgie , & qui fait honneur à Messieurs les Métallurgistes de Frey-berg , mériterait bien une description détaillée ; mais ce n'est point ici le lieu de nous étendre là-dessus.

______

(*) L'ignorance où l'on a été jusqu'ici dans beaucoup d'exploitations , a fait faire bien des pertes dans le traitement de ces mines.

Indépendamment des mines dont nous venons de parler, on trouve encore abandamment toutes sortes de blendes dans ces mines, comme de jaunes couleur de cire, & de grifes. Les premieres font connues pour être des efpeces de mines de zinc; mais les dernieres font très inutiles & très pernicieufes dans la fonte des mines; auffi a-t-on foin de les en purger autant que l'on peut. Cette blende fe norcit à l'air libre. C'eft un caractere qui, outre fa plus grande pefanteur, & fa couleur toujours noire ou noirâtre; la diftingue de la premiere. A proprement parler, c'eft une matiere qu'on ne connaît pas encore; mais on peut la diftinguer fous le nom de blende réfractaire.

Enfin on a l'argent cru & plus abondamment qu'en aucune autre mine d'Allemagne; on y en a fous toutes les formes & figures poffibles. On y jette auffi cet argent dans les bains de coupellage. C'eft la mine de Himmelsfürft qui fe diftingue encore dans cette production.

Le pays de Freyberg fe diftingue encore par une efpece de roche particuliere, qu'on appelle dans le pays *Gneis*. Cette roche, qui eſt plus ou moins griſe, ou blanche, eſt compoſée de petites écailles unies, appliquées les unes ſur les autres en forme d'étages, ſemblables ſouvent à du talc : elle eſt rude au toucher ; ce qui doit être attribué à ſon arrangement. Toutes les roches compoſées de ce pays participent plus ou moins de cette eſpece de roche.

Les autres mines de la Direction de Freyberg ſont :

Les Mines de Marienberg.

Cette exploitation produit preſque toutes les eſpeces de mines que nous avons dit ſe trouver aux environs de la ville de Freyberg ; elle n'en differe qu'en ce qu'elle donne en même temps de la mine d'étain, dont il y en a en petits grains répandus dans la roche, & en petits cryſtaux réunis enſemble ; de la mine de fer rouge ou hématite, beaucoup plus de mine de cobalt.

Mine d'Annaberg.

C'est aussi la même espece de mine qu'on trouve ici avec du bismuth vierge, quelquefois aussi de la mine de nickel avec du cobalt, & de la mine d'argent en forme de barbe de plume.

Mines de Johann Georgenstadt.

C'est encore ici les mêmes especes de mines. Mais cette exploitation s'est distinguée des autres par la mine d'argent cornée qu'on dit y avoir trouvée.

Mines de Scheneberg.

Ces mines sont déja connues par l'immense quantité de cobalt qu'elles ont produit de toutes especes & qualités, & ce lieu par le plus beau bleu qu'on fasse dans l'Europe, & par le bismuth, d'où vient tout celui qu'on trouve dans le commerce. Souvent on y trouve de la mine de nickel unie avec la mine de cobalt, & ne formant ensemble qu'un seul morceau, dans lequel on distingue néanmoins aisément les parties qui appartiennent à la mine de cobalt de celles qui appartiennent à la mine de nickel, qui sont d'un rouge de cuivre, tandis que celles du cobalt sont d'un blanc gris.

Indépendamment des mines de cobalt, & de la mine de nickel & du bismuth, on trouve encore à Scheneberg beaucoup d'autres especes de mines, comme de la mine d'argent, vitreuse, des gurhs d'argent, de la mine d'argent rouge, de la mine d'argent blanche, de l'argent cru, &c.

Toutes les autres parties de mines de cobalt qu'on trouve ailleurs sont transportées à Scheneberg pour y être exploitées à la fabrique du bleu.

Dans toutes ces mines on a à observer différents minéraux, tels que des blendes, des fluors, des amétystes, du quartz coloré, & des spaths de toutes especes, des pierres de grenat, des pierres de jaspe; quelquefois aussi on y trouve des aigues marines. M. Pabst, Intendant des Mines à Freyberg, en possede une belle crystallisée quarrément sur un groupe. On a, en outre,

la mine de topaze de Schnekenstein ,
où il s'en trouve d'un clair jaune , d'un
jaune foncé, ou d'un sombre jaune.

Mine de Fer près d'Ebenstok , apparte-
nant aussi à la Direction de Freyberg.

Nous ne devons pas oublier de faire
mention de cette exploitation , à cause
de la grande quantité d'hématites, &
les plus belles qu'on ait. C'est aussi de
là que sont sortis la plupart des morceaux de cette espece de mine répandus dans les cabinets , & d'où est venu
l'énorme morceau qui est dans la maison du College des Mines de Freyberg,
dont nous avons parlé au détail de
l'espece troisieme des mines de fer,
comme étant digne de remarque.

Mine d'Altenberg.

C'est ici une exploitation de mine
fort curieuse , puisque c'est une mine
en amas d'une grandeur énorme , dont
on ne connaît ni toute l'étendue ni
toute la profondeur. On apperçoit seulement bien distinctement plusieurs fi-

lons se plongeant & se confondant dans cet amas. On est déja parvenu à plus de cent cinquante toises en profondeur, & par-tout on trouve à-peu-près également de la mine d'étain, qui consiste communément en petits grains ou fines parties répandues clairement dans une roche blanche, granuleuse, très solide. On y trouve aussi des crystaux de mine d'étain, mais rarement.

Cette mine s'exploite au feu, par-là on l'obtient abondamment; d'où résultent des espaces effrayants, tant par rapport à leur vaste étendue, que par leur hauteur. Cette mine est encore calcinée de nouveau, rendue au jour, pour être ensuite bocardée & lavée : elle devient rouge, preuve qu'elle contient abondamment du fer; ce qui au reste est commun aux mines d'étain.

Le travail du bocardage & du lavage est le travail le plus considérable qu'exige cette espece de mine; aussi il n'y a peut-être pas d'exploitation de mines où il y ait tant de bocards & de laveries qu'ici.

Cette mine étant pure & calcinée dans un four, est fondue : mais le feu violent qu'on y employe pour cela machinalement , non feulement fait trop ufer de charbon , mais détruire beaucoup d'étain. Cependant MM. les Confeillers de la Régence de Frey-berg avifaient , lorfque j'y étais , au moyen de corriger ce travail métallur-gique.

Mine de Zinnwald.

C'eft encore une mine d'étain , mais en couche qui s'éleve & s'abaiffe plus ou moins , & ferpente pour ainfi dire. Cette mine occupe une vafte étendue : elle eft tantôt plus tantôt moins épaiffe dans une roche grife , blanche & fa-bleufe , affez friable en quelques en-droits. On trouve , ou on a trouvé dans cette mine des grands cryftaux de mi-nes d'étain ; on y a trouvé auffi beau-coup de *wolfram*, c'eft même de là que fe font répandus les plus beaux mor-ceaux de cette efpece.

On rencontre très communément dans cette mine une efpece particuliere de mine noirâtre , ou couleur de mine d'étain à grandes écailles, dans les cavi-tés. Cette fubftance contient un peu d'étain. Cette mine ne fournit pas à beaucoup près aussi abondamment de l'étain que la mine d'Altenberg. Au reste elle s'y traite de même.

Cette mine, qui est sur les confins de la Saxe, est par moitié entre la Maison de Saxe & la Maison d'Autriche ; mais l'exploitation est divisée en deux parts. Son produit n'est pas considérable actuellement que j'écris ceci, parcequ'on n'y trouve que peu de mine riche, & qu'il y a des parties de la couche qui ne donnent absolument rien.

Mine de *Zinngraupen* en Bohême.

Cette mine a pris son nom des crystaux de mine d'étain, que les Allemands appellent *Zinngraupen*, que jadis on y a trouvés abondamment. C'est une mine en couches semblable à la précédente.

Mine de *Cathérinenberg* en Bohême.

Cette mine, qui court dans une côte très élevée qui forme la chaîne de montagnes qui séparent la Saxe d'avec la Bohême, fournit de la mine de cuivre grise ou brune fort riche, mais très difficile à exploiter au fourneau, par rapport à de la blende semblable à celle de Freyberg que nous avons décrite sous la dénomination de blende réfractaire, qui lui est unie très intimement. Cette blende forme des loups dans les fourneaux, qui obligent à cesser la fonte pour les en dégager. Il se trouve communément avec cette mine de la mine de cuivre vitreuse tout-à-fait pure & fort massive, de couleur violette. M. le *Bergmeister*, ou Maître des Mines, me fit présent d'un des plus beaux morceaux de cette espece de mine.

Mines de Sahlfeld.

Ces mines consistent en filons pour les mines métalliques, & en couches, tas & amas pour la mine d'alun, où l'on trouve aussi des mines de cobalt, qui participent toutes plus ou moins du caractere chyteux. Ce qu'il y a ici de curieux & de digne de remarque, est que souvent l'un & l'autre se trouvent ensemble; en sorte que la mine d'alun sert de roche, ou accompagne les filons des mines métalliques.

Les filons & couches fournissent beau-coup de sortes de mines : 1°. de la mine d'argent grise, fort pauvre en argent à la vérité, puisqu'elle ne tient pas plus de dix à douze lots d'argent ; 2°. de la mine de cuivre jaune ; 3°. de la mine de cuivre brune, ou espece de mine de cuivre vitreuse, qui donne jusqu'à 70 livres de cuivre au quintal ; 4". mine de cuivre verte & bleue, dont il y en a d'un tissu serré & massif, qui est aussi très riche en cuivre ; 5°. une autre mine de cuivre verte qui a l'apparence d'une scorie, & qui a quelque rap-port avec la mine de cuivre vitreuse, qui par cette raison là est nommée dans le pays mine de cuivre vitreuse verte ; elle est fort riche en cuivre ; 6°. mine de cobalt, dont il y en a de grise ou noi-râtre ou brune, des morceaux gris, po-reux, légers, sur lesquels il y a des fleurs de cobalt. Mais les morceaux de mines les plus curieux qu'on y voit, sont de la mine d'argent grise avec du cobalt brillant, parsemés de cuivre verd avec du nickel & du cobalt noir, & quel-quefois même avec des fleurs de cobalt.

Enfin on y a des pyrites de toutes

les façons & qualités , & les chytes dont on fait l'alun , qu'on traite de la même maniere que dans le pays de Liege ; méthode que nous avons exposée dans notre Traité de la Vitriolisation. On m'a dit y avoir trouvé autrefois de la mine d'argent vitreuse & de la mine d'argent rouge , même de l'argent cru & du cuivre vierge ; pour le dernier, on y en trouve encore quelque peu.

Mines de Frankenberg en Hesse.

Cette exploitation est d'autant plus curieuse , qu'elle est un exemple rare des mines métalliques en couches ou filons couchés tenant argent. Ces couches courent dans des élévations ou montagnes fort douces, s'inclinent ou s'abaissent, & suivent la disposition de ces montagnes. On les trouve en quelques endroits à six ou huit toises seulement au-dessous de la croûte de la terre, & d'autres à vingt ou trente toises. Leur puissance se présente depuis un demi jusqu'à trois pieds ; ce qui forme des galeries fort étroites : car on ne prend rien, tant qu'on peut, ni dans le roit ni dans le fol, pour épargner les cuvelages. C'eſt dans ces galeries où les mineurs ſont obligés de travailler, on peut dire le plus durement poſſible, puiſqu'ils ſont obligés de travailler & de marcher courbés, ou couchés ventre à terre. Auſſi y a-t-il de ces ouvriers qui paraiſſent courbés & eſtropiés naturel-ment. Quelle miſere, & que de ſouf-france pour gagner du pain! Il eſt vrai que nous avons des exemples à peu-près ſemblables dans nos mines de char-bons de la Flandre Françaiſe, ſur-tout dans celles qui ſont près de Valencien-nes, où les couches n'ont pas plus de quatre pieds de puiſſance.

Ces mines conſiſtent en une eſpece de chyre cuivreux tenant argent, qui expoſé à l'air ſe délite & tombe en terre. C'eſt par-là qu'on reconnaît les parties qui ſont véritablement métalli-ques de celles qui ne le ſont pas, par-ceque celles qui ne le ſont pas conſer-vent leur dureté ordinaire; auſſi par cette raiſon laiſſe-t-on expoſée cette mine à l'air libre en tas, après quoi on en ſépare les parties métalliques ou de mines par le lavage, qui s'exécute au moyen d'une machine particuliere, que je voudrais pouvoir décrire ici & en donner le plan ; mais ce n'en est point le lieu.

Le cuivre est uni dans cette terre avec le soufre, puisqu'on en obtient une matte par la fonte, comme de toute autre mine de cuivre, qu'on grille de même. Ce qu'il y a de plus particulier dans cette espece de mine, est qu'on trouve dessus communément des grains, ou especes de cryftaux de mine de cuivre noirâtre, verdâtre & bleuâtre, qui tiennent jufqu'à vingt livres de cuivre au quintal.

La mine ordinaire, féparée de la terre & lavée, donne depuis quatre jufqu'à douze livres au quintal : ce cuivre tient depuis deux jufqu'à fix lots d'argent au quintal.

Mine de Godelsheim dans le pays de Waldeck.

Les mines de cet endroit confiftent en chytes cuivreux, dont la plupart des couches fe trouvent à fix, huit, dix toifes en terre. Ces chytes donnent deux tout au plus jufqu'à quatre livres de cuivre au quintal. On y trouve quelquefois des parties de mine de cuivre verte & brune, & d'autres semblables à la mine de cuivre vitreuse.

Cette mine donne dans la premiere fonte du cuivre noir ; preuve que le cuivre n'y est que peu ou point minéralisé.

Mine de *Thaliter* dans le pays de *Darmstadt*.

Ces mines sont de la qualité des précédentes, mais elles sont un peu plus riches en cuivre ; & on remarque que le cuivre noir qui tombe dans la fonte est un peu plus pur.

Mine de Mercure du Duché de *Deux-Ponts*.

Il y a, ou il y a eu plusieurs exploitations de ces mines. Les plus renommées sont celles de Stahlberg & de Molsheim : on y traite ces mines, ou l'on en tire le mercure à la maniere des Tiroliens, c'est-à-dire, au moyen des cornues à marmite de fer. C'est de ces lieux que sont sortis les plus beaux morceaux de mine de mercure qui se soient répandus dans les cabinets.

On y a , 1°. une roche quartzeufe, ou terre ou pierre friable qui tient du mercure vierge ; 2°. du cinabre pur & cryftallifé en aiguilles , fouvent pofé ou mêlangé fur de la mine de fer grife & ocracée ; 3°. de la mine de mercure terreufe couleur de fleurs de pêcher. Celle-ci eft terreufe , ou unie à une terre qui en étend la couleur. Cette mine approche beaucoup par-là de celle d'Alméda en Efpagne , mais elle n'eft pas fi riche.

Mine d'Hoffsgrund près de Fribourg en Brifcaw.

Cette mine , placée dans le plus haut de la chaîne de montagnes qui bordent cette province , eft une des plus anciennes en exploitation. On en peut juger par l'énorme étendue qu'on parcourt aujourd'hui dans le filon qu'on y pourfuit actuellement, le troifieme de cette exploitation , pour aller aux tâches ou à la partie du filon non exploitée , qui eft de plus de mille toifes en longueur, eft de plus de deux cents toifes en hauteur. Cette exploitation s'eft toujours

diftinguée

diſtinguée par une très grande quantité
de mine de plomb verte qu'elle a toujours fournie en abondance. Il y a eu
même des temps où il n'y a pas eu d'autres eſpeces de mine que celle-ci. Cette
qualité de mine de plomb verte ſe diſtingue elle-même de celles de toutes
les autres exploitations, par un beau
verd de pré foncé & vif, & par ſes con-
figurations, qui ſont, ou des eſpeces de
ramifications aiguillées de la plus grande beauté, ou elle eſt ſemblable à des
ſtalagmites mamelonnées. Quelquefois
on trouve des excavations dans le ſilon
tapiſſé de cette mine de plomb verte :
on en détache de très grandes pieces, dont toute la ſurface extérieure eſt une couche mince de cette
mine de plomb verte mamelonnée. La
baſe de ces morceaux eſt une roche tendre, noirâtre, ferrugineuſe, qui eſt
comme cariée. On trouve des endroits
du ſilon qui ſont entiérement de cette
roche noirâtre ferrugineuſe. On trouve
auſſi des endroits du ſilon qui ſont d'une
ſubſtance plus compacte, d'un jaune
blanchâtre, ou d'un blanc plus ou moins
jaunâtre, d'une texture granuleuſe, plus

dure & plus folide que les précédentes.
C'eft dans ces parties que fe montre de
la mine de plomb ordinaire ou galene ;
mais toutes ces parties de la gangue
font pénétrées de plomb en chaux , qui
tourne vers le rouge jaunâtre , ou vers
le verd. C'eft ce qui conftitue fouvent
la mine ordinaire. Les parties de gangue les plus maigres en mine font deftinées pour le bocard.

Indépendamment de ces qualités de
mine, on trouve encore des parties de
mine de plomb de ces dernieres couleurs, maffives , dont les furfaces font
femblables à la mine de plomb verte,
C'eft encore là une efpece de mine de
plomb d'un caractere tout particulier ,
& qui ne s'eft montré jufqu'ici nulle
part que là.

Comme prefque toutes ces mines
font dans l'état de chaux , on les fond
fans grillage préliminaire dans une efpece de fourneau à manche. Seulement
on y ajoute un huitieme de fcorie de
fer ou mâche-fer, qui s'empare du
foufre , des parties de mine qui font
dans l'état de galene ; par-là on obtient
abondamment du plomb. Il provient

néanmoins de cette mine un peu de matte, tant à cause de l'union du soufre avec les scories de fer, qu'à cause d'une portion de plomb qui demeure unie avec le soufre. Quand on en a assemblé une certaine quantité, on la grille & on la refond avec d'autres mines: par-là on a un double avantage; car non seulement on obtient la partie de plomb qui était restée confondue dans la matte, mais encore on met en état le fer de cette matte de se saisir de nouveau du soufre des parties de mines minéralisées, en sorte qu'on n'a pas besoin d'employer alors de nouvelles scories de fer.

Quand les parties de galene se trouvent considérables, on les sépare dans le triage des autres mines, parcequ'on trouve plus de profit à les vendre crues aux potiers de terre de Fribourg, qu'à les fondre.

Toutes ces mines sont très pauvres en argent, comme on doit le présumer. Les mines de plomb vertes & rouges n'en donnent, à l'essai, qu'un quart de lot au quintal. La mine de plomb com-

mune n'en donne ordinairement qu'un
lot & demi. Cependant il y a à Hoffs-
grund un fourneau de coupellage ; &
quand il arrive que la mine présente à
l'essai plus de deux lots d'argent, alors
elle est fondue séparément pour en faire
un coupellage.

D'ailleurs on trouve, à la vérité rarement, dans le filon des parties d'autres mines, telle qu'une espece de mine
tenant argent & cuivre, couleur de soie
ou de café ; une espece de blende grise
massive tout-à-fait, semblable par l'apparence à celle de Freyberg. Au surplus
il s'y voit aussi des crystallisations quartzeuses ; mais la plupart ont une couleur sombre, & semblent participer
toutes plus ou moins de cette matiere
noirâtre qui se montre si communément
dans le filon dont nous avons parlé plus
haut.

Il s'est montré, dans cette partie de
la chaîne de montagnes, plusieurs autres filons qui ont occasionné aussi plusieurs autres exploitations. Maintenant
on en a une qui se nomme S. Hubert, qui
donne une mine de plomb fort riche en

argent (*) , & de temps en temps des parties de mine d'argent blanche ; une autre qui s'appelle l'exploitation de l'Empereur , qui donne de la mine de cuivre & de la mine d'argent grise.

Mine de Géroldseck , près de Lohr.

C'est une mine de plomb qui se trouve entourée ou mêlée dans son filon avec une terre blanche fine , qui paraît comme granulée , ou semblable à ce qu'on appelle en français sablon fin. C'est aussi par cette raison qu'elle mérite l'attention des Minéralogistes. D'ailleurs la mine est une galene ordinaire dont le produit en argent ne va que sur deux lots à deux lots & demi. Mais on observe dans les cavités des morceaux de crystaux d'une espece de mine de plomb blanche , toute particuliere en ce qu'elle ressemble assez à

(*) J'en ai essayé un morceau qui m'a donné treize lots au quintal. Cette mine est en petits grains brillants ; elle est souvent mêlée avec de la roche grise.

la combinaison fondue , qu'on connaît
en chymie sous le nom de plomb corné.
En effet ils sont demi-transparents avec
une apparence de corne : ils paraissent
quelquefois un peu plus foncés en couleur. Il y a aussi des parties de cette
mine sans figure déterminée , vitreuse
& brillante dans la fracture. Il faut d'ailleurs observer que la mine ordinaire est
elle-même fort sombre , & qu'il y a des
parties de cette mine qui n'ont point
de luisant , qui sont entiérement noirâtres & spongieuses.

La mine de bocard consiste en masses
de cette terre blanche , dans lesquelles
il y a des parties de galene ou autre ;
mais on les obtient facilement pures ;
car cette terre sablonneuse s'en sépare
aisément, & est emportée entiérement
par l'eau , devenant fort tenue sous les
pilons. Cependant M. Halder , Négociant de Strasbourg , qui fait exploiter
cette mine , fait mêler dans le grillage
de cette mine une portion de chaux ;
mais il a tort , car elle peut y apporter
plus de préjudice que d'avantage.

Mines de Wolfach dans la Principauté de Fürstemberg.

On remarque plusieurs filons qui courent dans les montagnes qui entourent cette petite ville, dont les caracteres sont particuliers, puisqu'ils sont remplis d'une espece de spath pesant, très blanc, & dans lesquels on ne voit aucune autre sorte de matiere ou gangue. C'est dans ce spath, qui tient très fermement d'un roc à l'autre, & qui fait qu'on est obligé de les exploiter toujours à la poudre, que se montre, 1°. de l'argent cru en masse & en petits grains aglomérés l'un à l'autre, & rarement en branche : 2°. une espece de mine de plomb très curieuse, puisqu'elle tient depuis trois jusqu'à six marcs d'argent au quintal, aussi est-elle appellée dans le pays mine d'argent avec plomb ; cette mine se distingue des mines de plomb ordinaires, par une couleur très claire & par un grand brillant ; elle est composée de petites facettes très resplendissantes : 3°. une espece de mine d'argent qui

tient le milieu entre l'état minéralisé
& l'argent cru ; & c'est auſſi ce qui fait
le plus curieux de cette exploitation,
& dont perſonne n'a parlé juſqu'ici ;
c'est, à proprement parler, de l'argent
qui tient un peu de ſoufre. En effet,
le quintal de cette mine donne juſqu'à
quatre-vingt-dix livres d'argent le plus
pur, encore peut-on préſumer que
tout le déchet de cette mine n'est pas
ſeulement en ſoufre. Ces trois eſpeces
de mines ſont fondues enſemble ; par-là
on obtient un plomb d'œuvre qui tient
quelquefois juſqu'à quarante marcs
d'argent au quintal : auſſi n'a-t-on pas
beſoin d'un grand fourneau pour la
coupellation de ce plomb d'œuvre,
puiſqu'on n'a que peu de plomb à ſcorifier. Mais il faut remarquer que la litharge de coupelle est ici très riche en
argent (*). Mais comme on la repaſſe
dans le fourneau avec de nouvelle mi-

(*) C'est une choſe ordinaire dans les coup-
pellages riches, c'est-à-dire quant à litharge
qui reſte dans la braſque ; car pour celle qui
s'éleve au-deſſus & qui est claire, elle ne contient guere au delà d'un lot & demi d'argent.

ne, elle redevient toujours plomb d'œuvre ; ainsi rien ne se perd.

Cette exploitation est de nouvelle
date : mais l'un de ces filons , celui
qui fournit le plus , avait été entrepris
autrefois. Si ce même filon se soutient
toujours sur le même pied que je l'ai
vu , il sera une des plus riches exploitations de mines du monde ; & les
Actionnaires de cette mine s'enrichiront immanquablement ; on en peut
juger par le quartier de Mai 1771 ,
dont le produit se montait à cinquante
pour cent.

Mines de Wittigen.

C'est une des plus riches & des plus
curieuses exploitations de mines d'Allemagne , & qui mérite le plus l'attention des Minéralogistes , par la variété , la richesse & la beauté des différentes especes de mine qui la composent. Cette exploitation est distante de
quatre lieues de Wolfach ; elle dépend
aussi de la Principauté de Fürstemberg:
elle est sous la même Direction que les
mines de Wolfach ; & c'est là où le Maî-

tre des mines fait sa résidence. On distingue dans cette exploitation plusieurs
filons : leur gangue est aussi un spath
pesant ; & il paraît même que c'est là
le caractere particulier des mines de ce
pays. Mais il n'est point toujours blanc
comme celui de Wolfach : il est plus souvent grisâtre, ou brun, ou tacheté, d'un
rouge foncé. Ces filons présentent les
mêmes mines qu'à Wolfach ; mais l'argent vierge qu'ils donnent est souvent
branchu ou ramifié ; & de plus ils donnent 1°. une mine de cobalt brillante,
grise, blanchâtre, dont on en trouve
de crystallisée ; 2°. de la mine de cobalt noire massive, souvent avec des
fleurs de cobalt ; 3°. de la mine d'argent
rouge, dont il y en a de crystallisée réguliérement ; & 4°. de la mine d'argent
vitreuse des deux qualités que nous
avons établies à l'exposition des mines.

La grande quantité de mines de cobalt qu'on y a trouvée, & sa richesse, ont
engagé les Actionnaires de cette exploitation à y établir une manufacture de safre, laquelle est placée tout près de la
fonderie.

Mines de Freudenstadt dans le Duché de Wirtemberg.

Les mines qu'on a trouvées dans cette exploitation sont assez variées, puisqu'on y a 1°. de la mine de cuivre verte, dont il y en a de cryftallisée en aiguilles d'un beau bleu, & d'unie intimement avec du quartz, comme celle de Boulach (*) : 2°. de la mine d'argent grise : 3°. de la mine de cobalt, dont il y en a de grife, blanche, & de noire, maffive comme à Witigen : 4°. de la mine de bifmuth, ou plutôt du bifmuth vierge lui-même ; ce bifmuth s'eft montré la plupart du temps en petits grains répandus dans de la roche : 5°. mine de fer brune, efpece d'hématite. Cette derniere efpece de mine s'y trouve prefque toujours jointe avec la roche ou gangue du filon : on y a trouvé de très beaux morceaux de cette mine, & très remarquables en ce qu'ils

---

(*) Fameufe exploitation & très renommée à caufe de cette forte de mine, mais qui était tombée lorfque j'ai paffé dans ce pays.

I vj

étaient semblables à des stalactites, ou
de plusieurs tüyaux joints ensemble
comme un paquet.

Mine de Calamine près d'Aix-la-Cha-
pelle.

Cette mine, qui depuis long-temps
est fort renommée, à cause qu'il n'y
avait qu'elle seule qui fournissait de la
mine de zinc pour faire le laiton, n'est
point en filon, mais en amas, ou plutôt
c'est une masse de roche dans laquelle se
trouve de la mine de zinc. La science
du mineur consiste ici à savoir distinguer ce qui appartient à la mine de zinc
de ce qui n'est que roche. La roche est
assez dure, grenue, grise, & même quelquefois ocracée. Cependant l'expérience montre ici que c'est ordinairement
entre les fentes des roches ou dans leur
jointure que se trouve la mine. Le poids
d'ailleurs de cette mine, plus considérable que celui de la roche, aide beaucoup à faire cette distinction.

On y distingue de trois qualités générales de mine; 1°. une qui est jaune
ocracée, plus légere que les autres;

2°. une grise plus massive ; 3°. une de couleur de café brûlé , ou dont les morceaux sont tachetés de cette couleur. Cette derniere qualité de mine est la plus riche comme la plus pesante : on prétend qu'elle est composée presque entiérement de chaux de zinc. Cette mine appartient à la Maison d'Autriche.

Selon une regle établie & ordonnée, aucune sorte de ces mines ne doit sortir sans avoir été auparavant grillée. Ce grillage se fait en grand , lit par lit , avec du bois. C'est, comme on sait, une opération préliminaire pour faire le laiton. Mais la politique y a eu autant de part que la nécessité de cette opération ; car par-là on défigurait tellement ces mines , qu'on mettait les observateurs dans l'impossibilité de reconnaître de pareille mine ailleurs. Mais , malgré cette précaution, on en a découvert beaucoup , entre autres près de Namur & d'Heidelberg , à qui on a donné le même nom : à la vérité , elles ne sont point aussi riches, mais on en fait également du laiton, en en doublant la dose. Cependant il faut observer que le revenu de la mine de Calamine n'a pas pour cela diminé de beaucoup ; car si d'un côté on a trouvé plus de mine de zinc, de l'autre aussi il s'est établi davantage de manufactures de laiton, & vraisemblablement vendu davantage de cette marchandise.

Mine de Limbourg.

C'est un filon qui n'est simplement que de pyrite, mais où l'on trouve les plus belles crystallisations de cette mine : elle est presque toute couleur de bronze, d'un tissu fort serré & uni ; aussi ne tombe-t-elle en efflorescence que difficilement. Cette pyrite est fort sulfureuse, & ce sont là les deux raisons pourquoi elle ne tombe pas facilement en efflorescence, comme nous l'avons dit dans notre petit Traité de la Vitriolisation. C'est à l'occasion de cette mine qu'un Négociant de Liege à fait établir ici une fabrique de vitriol & une soufrerie.

Mine près de Chaudfontaine, à deux lieues de Liege.

C'est un filon qui fournit en presque

égale quantité de la mine de plomb &
de la pyrite. Presque toutes les maſſes qu'on en ſort, ſont un mêlange de
l'une & l'autre mine. La pyrite eſt d'un
jaune citron, belle & ſouvent bien cryſtalliſée; & la mine de plomb eſt, ou
maſſive, ou auſſi ſous forme réguliere.

On y a établi une vitrioliſiere & une
fabrique de ſoufre à l'occaſion de la
pyrite, & une fonderie pour la mine
de plomb. Comme le plomb de cette
mine eſt pauvre, on n'en fait point de
coupellage.

La fabrique de ſoufre mérite d'être
remarquée puiſqu'elle eſt ſelon une méthode par laquelle on tire la plus grande
quantité de ſoufre poſſible des pyrites;
au lieu que par la méthode ancienne
on en perd preſque autant qu'on en
recueille. C'eſt un fourneau long, ſur
lequel ſont rangés, ſelon une ligne
oblique, pluſieurs tuyaux de terre, de
deux pieds de longueur à-peu-près,
dont l'une de leurs extrémités eſt éva-
ſée & large, pendant que l'autre eſt fort
étroite & mince : celle-ci, qui eſt le côté baiſſé, aboutit à une rigole qui regne
le long du fourneau, dans laquelle coule

continuellement de l'eau. On garnit ces
tuyaux, par l'ouverture large, de pyrite brisée en petits morceaux : on bouche l'ouverture avec de la terre grasse,
on donne le feu par dessous. Le soufre, qui s'éleve en vapeur, est obligé
de se rassembler & de couler dans la
rigole par l'ouverture étroite.

Mine de Fer, près de Huy dans le pays de Liege.

Je fais mention de cette mine de fer,
parcequ'elle est en filon, & qu'elle mérite par là l'attention des Minéralogistes;
car on sait combien il est rare de trouver des filons de mines de fer. Celle-ci
est rouge, grenue & disposée en feuillets dans le filon; elle est friable, en sorte
qu'elle tache les doigts comme du cinabre; on peut dire que c'est une espece d'hématite. En effet, nous avons
fait remarquer que c'est cette espece de mine de fer qui se montre le
plus souvent en filons. On l'exploite
pour les fonderies de fer de ce pays.
On en mêle une partie avec deux parties de mine de fer ordinaire, & de

ce mêlange on obtient d'aſſez bon fer.

Mine de *Vedrein*, près de *Namur*.

C'eſt un filon de plomb qui court ſur une ligne aſſez droite dans un petit monticule ou élévation de terrein qui domine la ville de Namur. Cette exploitation avait failli, il y a quelque temps, par le manque de reſſource pour l'épuiſement des eaux ; mais les Aſſociés s'étant aviſés de ſaigner la montagne vers le plus bas, y firent conſtruire pour cet effet une galerie ou canal en bâtiſſe, qui décharge toutes les eaux de la montagne. Après cette opération, cette exploitation a repris vigueur, & s'eſt toujours bien maintenue, car la mine n'y manque pas. La fouille de ce filon n'eſt pas non plus difficile, puiſque la mine y eſt comme détachée & briſée. On en enleve auſſi abondamment ſur une très grande longueur par des manivelles.

Cette mine eſt la mine de plomb ordinaire ou galene, mais mêlée preſque toujours avec de la pyrite. Comme elle eſt fort pauvre en argent, on en fait

tout de suite du plomb marchand. N'é-
tant mêlangée le plus souvent qu'avec
de la terre ou du sable, on ne lui fait su-
subir qu'un lavage en gros dans un fossé,
après quoi on enleve les parties de pyrite qui peuvent s'y trouver encore mêlées. On brise la mine en petits morceaux, & on la transporte à la fonderie, où on la fond avec un quart de
scories de fer des forges ou usines qui
font près de Namur, qui, s'emparant du
soufre, donnent occasion au plomb de
se précipiter pur. On le tire de temps
en temps, & on le moule à mesure (*).

(*) Nous remarquerons qu'ici on se sert d'un
ancien fourneau nommé cuve; il est large, &
a quatre à cinq pieds de carrure, & fix ou
fept pieds de hauteur: il n'a point d'ouverture
par la face de devant, mais une à chaque côté; une pour faire écouler les scories, & l'autre le plomb. Il n'y a point de brasque dehors pour affembler le plomb, on fait seulement la percée de temps en temps pour faire
fortir le plomb dehors; ainsi il doit beaucoup
se consumer de plomb par les coups de soufflets. Par là on voit que c'est un fourneau sans
industrie, & tel qu'on en voit chez les na-
tions barbares. C'est vraisemblablement d'a-
près celui-là que notre fourneau à manche s'est
établi.

La pyrite est jaune & souvent sous forme crystallisée. On a établi, pour en tirer parti, une fabrique de soufre & de vitriol.

Mine de Pompéan en Bretagne.

Cette exploitation a resté long-temps comme suspendue, ayant perdu le filon ; mais actuellement, étant re-trouvé, elle a repris vigueur. Ce filon est presque perpendiculaire ou a très peu d'inclinaison, & a un diametre assez considérable. La roche qui ac-compagne ce filon dans le toit, qui est chyteuse, s'effleurit & donne de l'alun & du vitriol. On y apperçoit même des efflorescences crystallines, ce qui est très pernicieux au cuir des pompes.

Ce qui se trouve ici ne consiste qu'en mine de plomb, parmi laquelle on ren-contre quelquefois de la pyrite. On y a trouvé autrefois de très belle galene crystallisée. Cette mine est pauvre en argent, son produit ne va guere au-delà de deux lots au quintal.

Mines de Poullaouen en Basse-Bretagne.

Cette exploitation qui est devenue

très célebre en France par les grands
travaux qu'on y a faits , par le bon ordre & l'économie qui y regne , l'est
encore devenue parmi les Minéralogistes , à cause de la grande quantité
de mine de plomb blanche qu'elle a
fournie.

On distingue sous cette exploitation plusieurs filons , tous assez puis-
fants , avec leurs noms particuliers ;
mais lorsque j'y étais en 1769 , il n'y
en avait que deux en vigueur ; celui de
Poullaouen proprement dit , & celui
de Vilgouet , éloigné de là d'une grosse
lieue. Cependant il en résultait assez
de mine pour entretenir les fonderies
qui font au nombre de trois.

Les mines que fournissent ces filons
font en général , comme toutes celles
qui se montrent dans les filons de Bretagne , des mines de plomb , fous lesquelles on distingue : 1°. De la mine
de plomb ordinaire ou galene massive ,
ou crystallisée figurément , en grains
ou en petites parties répandues dans
de la roche blanchâtre ou grise. 2°. De
la mine de plomb blanche qui n'est
point parfaitement blanche comme

celle de la Croix en Lorraine, mais toujours avec un œil jaunâtre. Elle se montre aussi toujours sous la forme de stalactites ou en pyramides, avec des rainures en longueur. Non seulement c'est la seule exploitation de mine connue qui fournisse une si grande quantité de cette mine, mais encore qui en donne de si grands morceaux. J'ai déja cité, à l'exposition des mines de plomb, un grand morceau qu'on a envoyé à Paris il y a quelques années; nous pouvons encore ajouter que c'est peut-être la mine de plomb la plus riche de ce métal, car elle ne paraît presque pas souffrir de déchet. Lorsqu'on la fond seule, fermée dans un creuset, une partie se réduit sur-le-champ en plomb. 3°. Une mine de plomb rouge, mais fort différente de celle de Sibérie, que M. Lehmann a décrite; elle est d'un rouge ombré ou tirant sur le gris: il y en a de deux qualités, une qui est crystallisée en colonnes tronquées à cinq ou six faces, & une autre qui est en aiguilles ou rayons; c'est le filon de Vilgouet qui

fournit cette espece de mine. Le peu
de cette derniere qualité de mine qui
s'est répandue parmi les Minéralogistes & dans les cabinets, a fait soup-
çonner qu'elle contenait de l'antimoine ; sa forme aiguillée a donné occasion à ce soupçon. C'est ce que je ne
déciderai pas, n'ayant pas encore eu le
temps ni l'occasion d'examiner cette
mine. 4°. Il y a quelques années qu'il
se trouva aussi, dans ce même filon,
une assez grande quantité d'une mine
de plomb noire, en stalactites ; mais
celle-ci est minéralisée & ne doit pas
être confondue parmi les mines en
chaux. 5°. On trouve encore beaucoup
de pyrite dans les filons de Poullaouen, qui est d'un beau jaune, &
fort susceptible de tomber en efflorescence. La roche qui accompagne ces
filons est semblable à celle des autres
mines ; c'est-à-dire qu'elle est un
composé de grains quartzeux gris ou
rougeâtres, ou espece de granit; cependant on trouve dans les roches des
filons de Poullaouen une espece de
pierre chyteuse ou ardoise, assez sem-

blable à celle qui accompagne les mines
de charbons, ce qui est digne de remarque.

La mine de plomb ordinaire de
Poullaouen se distingue des autres mines par une matiere toute particuliere
qu'elle contient, tout à fait inconnue
jusqu'aujourd'hui. Cette matiere tient
le milieu entre l'état minéral & l'état
métallique. Elle a beaucoup de ressemblance avec le plomb, tant par sa pesanteur que par sa couleur : elle se dissout dans les mêmes acides que le
plomb, mais elle se scorifie bien plus
promptement. J'en ai mis en essai quelque quantité, tant sur la coupelle que
dans le creuset, & au premier coup
de feu elle est entrée en fusion, &
très peu de temps après tout s'est
trouvé scorifié ou évaporé, ne laissant
en arriere que quelques minces scories
de couleur grise. Cette matiere ne s'u-
nit pas avec le plomb dans l'état métallique ; de là vient que lorsque la
mine de plomb a été grillée suffisamment pour perdre son soufre, elle s'en
sépare & coule à côté. Mais elle n'est
pas la premiere à s'en séparer, elle reste

en arriere & ne coule que sur la fin ;
elle est si fusible, qu'il suffit de la tenir
quelque temps à la flamme d'une chan-
delle pour la faire couler ; elle se fige
en rayons ou en aiguilles, en sorte
qu'on la prendrait pour de la mine
d'antimoine : il est vrai qu'elle acquiert
un tissu plus compacte & plus serré.
Cette matiere se brise facilement &
saute en éclats lorsqu'on frappe dessus.

Comme on y traite la mine au fourneau de reverbere Anglais, cette matiere reste dans les scories, on ne l'obtient ensuite que par la fonte de ces
scories, & dans le grillage des mattes
qui en proviennent.

Mine de Château Laudrin en Basse-Bretagne.

Cette exploitation ne date que depuis peu de temps. La mine de plomb
qu'on trouve ici est totalement différente de celles dont nous venons de
parler. Elle est entiérement crystallisée
cubiquement ; ces cubes ne sont pas
forts grands. On apperçoit bien distinctement qu'ils sont composés de
lames

lames appliquées les unes fur les autres. Cette mine eſt riche en argent, & fait une exception à la regle connue en Minéralogie, que les mines de plomb cryſtalliſées font toujours les plus pauvres de toutes. Communément elle donne un marc au quintal, mais il s'en voit des morceaux qui en donnent juſqu'à un marc & demi.

Les parties de cette mine qui font répandues dans la roche, affectent également la figure cubique ; ce font ordinairement celles qui donnent le plus d'argent. La roche qui accompagne cette mine dans les filons, eſt ſouvent unie à une eſpece de feld-ſpath ou pétunſé, que les Anglais nomment *cauk*. On remarque d'ailleurs que la ſubſtance du filon y eſt en général aſſez ferme & ſolide.

Mines de Giromagni dans la Haute-Alſace.

C'eſt une exploitation de mine fort renommée, qui, dans l'eſpace d'un ſiecle, a été abandonnée & repriſe pluſieurs fois. Dans les montagnes aſſez hautes qui composent ce lieu , courent beaucoup de filons en longueur , presque parallelement , dont les uns se distinguent par la mine de plomb , & les autres par la mine d'argent grise ou *fahlerz*; ces filons , qui sont d'une assez bonne puissance, se présentent en quelques endroits avec salbande vuide (*).

Parmi ces filons le plus renommé est celui qu'on nomme sénitourbe , que l'on dit avoir fourni des richesses immenses en peu de temps. C'est de la mine d'argent grise qu'il donne. Mais quoiqu'on ait lieu de croire que ce filon se soit montré fort abondant en cette espece de mine , on ne pourra croire que difficilement , que les richesses citées proviennent seulement de là , puisqu'on sait que cette mine ne

---

(*) On entend par salbande vuide un espace vuide entre la substance du filon & la roche; & par salbande pleine , une lisiere entre la substance du filon & la roche , qui n'est ni la substance du filon ni de la nature de la roche. Mais cette derniere espece de salbande ne se montre guere que dans les mines en couches ou filons appartenant à ligne horizontale , notamment dans les mines de charbon.

donne que treize à quatorze lots d'argent, & seize à dix-huit livres de cuivre au quintal. Or, l'exploitation d'un pareil filon, même le plus riche, n'a point fait encore monter le produit au-delà de huit pour cent; il faut donc ou que cette mine ait été plus riche autrefois, & que, semblable à la mine que les Allemands nomment *Weisgulden-erz*, elle ait donné plusieurs marcs d'argent au quintal, comme sept à huit, ou que ce filon ait donné de la mine d'argent rouge ou du *glaserz*, ou de l'argent cru en même temps. Joignons à cela que ce filon a été fort mal exploité; qu'au lieu de suivre la regle établie dans la science de l'exploitation des mines, qui est, lorsqu'un filon court en montagnes, de le saigner d'abord par un percement vers le plus bas de la montagne, & de là s'élever dans toute la hauteur & largeur possible, toujours dégagé des eaux, on se plongea dans le filon, à la charge de vuider les eaux comme on pourrait; enfin on fut assailli par les eaux, & obligé d'abandonner sans avoir eu le moyen d'établir un pompage à ti-

rants (*). Indépendamment de cela, la
mine elle-même n'était pas triée au
plus grand profit possible. On en peut
juger encore par les halles anciennes,
dans lesquelles on trouve des morceaux qui contiennent de la mine maf-
sive. Ce n'est même que depuis peu
qu'on y a établi un bocard & une laverie. Je ne dis rien du travail de la fonderie, qui allait tout aussi malqu'il était
possible.

On a donc dans cette exploitation
de la mine de plomb assez pauvre en
argent, parmi laquelle on distingue
quelquefois de la galene crystallisée,

(*) C'est un des principaux points d'économie des mines de ne pas s'affaiblir par de petites dépenses journalieres. Il faut nécessairement d'abord aller droit au but ; car si on ne
pense à y aller qu'après s'être épuisé en petites
dépenses, on ressemble précisément à ces ar-
mées qui, divisées en petits corps, font bat-
tues successivement, & puis, réunies, se trouvent dans l'impossibilité de battre leurs enne-
mis. Aussi est-il passé en proverbe dans l'exploitation des mines de France, que reprise
d'exploitation par de nouveaux Actionnaires
est toujours d'un meilleur succès que la premiere.

& de la mine d'argent grise ou *falh-erz*. Cette mine se montre le plus souvent massive & sans forme crystallisée, & rarement avec de la mine de cuivre. Parmi l'une ou l'autre de ces mines, il se rencontre quelquefois de la pyrite ou de la mine de fer, qui occasionne des *loups* qu'on sort de la brasque des fourneaux, lorsqu'on les rétablit ; ou peut-être est-ce dans la mine d'argent grise qu'existe le fer (*). Parmi les minéraux qui accompagnent les mines, on doit sur-tout distinguer une espece de spath fluor particulier, d'une couleur sombre ou grisâtre, à demi transparent, qui s'y montre abondamment, sur-tout dans un filon qu'on nomme filon de S. Jacques. Ces crystaux sont d'ailleurs de la figure & grosseur du fluor ordinaire. On y remarque encore un spath calcaire & un quartz couleur de sang. Pour ce qui est des roches extérieures, c'est-à-dire,

---

(*) J'ai d'autant plus lieu de le croire que plusieurs échantillons que j'ai apportés de ces mines, se sont tous montrés ferrugineux dans l'essai.

hors des filons, on y a de beaux granits, à gros & à petits grains, qui
prennent le poli. Parmi celui de cette
derniere qualité, on en distingue qui
approche beaucoup du porphyre. La
plupart de ces roches y sont isolées &
ne font pas continuité avec la roche
générale des montagnes, & sont placées extérieurement comme des blocs
particuliers.

Mines de la Croix en Lorraine.

C'est une exploitation de mine très
renommée, à cause de la quantité prodigieuse de mine de plomb blanche &
verte qu'on y a trouvée, & par son exploitation qui était très brillante & considérable. Mais aujourd'hui que j'écris
ceci, elle est beaucoup tombée de cet
état de splendeur, & elle ne rapporte
que très peu de chose au-delà de ce
qu'il faut pour payer les frais.

La Croix, il est vrai, est placé dans
la chaîne des Vôges, mais ces montagnes ne font pas fort élevées ; en sorte
qu'il a fallu y établir des machines hy-
drauliques pour vuider les eaux des

profondeurs de la mine. D'ailleurs la maniere dont ces *pompages* ont été dirigés, aurait pu servir de modele en France.

Les principales especes de mines qu'on y a trouvées, sont la mine d'argent grise & de la mine de plomb. Parmi la premiere on trouvait quelquefois des mines riches & précieuses, présentement ce n'est que de la mine de plomb seule. La partie du filon qu'on y exploite est mêlée ; c'est-à-dire que la roche s'y trouve confondue avec la mine, ce qui donne une mine très dure & grenue, qui est soumise presque entiérement au *bocardage*. Ce filon est fort large, comme sont tous les filons mêlés, quelquefois de trois, de quatre, jusqu'à vingt toises, & serait fort aisé à confondre avec le total de la roche, si la mine n'avertissait pas de l'existence du filon. Par la même raison, ce filon ne peut être exploité autrement, le plus souvent, que par le *sautage* à la poudre. Partout aussi on ne trouve pas de la mine, quelquefois on n'a que de la roche pure ; mais si on y apperçoit une fente, on peut-être assuré qu'en la suivant on arrivera à la mine.

Le produit en argent de cette mine ne va point au-delà de trois lots. D'ailleurs, comme cette mine n'est point arsénicale, le plomb en est excellent; mais il s'y trouve quelque partie de mine de cuivre ou d'argent grise, qui se rassemble en matte dans la fonte: comme c'est peu de chose, on attend qu'on en ait assemblé une certaine quantité pour en faire un grillage & un raffinage; ce qui se fait à Sainte-Marie, parcequ'il n'existe pas de fourneau pour cela à la Croix.

Des parties ou bras de filon se sont montrés en mine de fer brune ocracée, avec des enfoncements ou excavations. C'est ici que la mine de plomb verte & la blanche se sont trouvées le plus abondamment. Mais ce qu'il y a de plus singulier en cela, est que les crystaux de plomb blanc se sont presque toujours présentés sur les surfaces planes, tandis que les crystaux verds se sont presque toujours trouvés dans les cavités ou enfoncements, ou surfaces convexes.

Les cryſtaux de plomb blanc ont été reconnus parmi les Minéralogiſtes comme les plus blancs & les plus beaux qu'on ait vus; mais pour les cryſtaux de plomb verd, ils tombent un peu communément ſur le jaune. Ces cryſtaux contiennent une très petite portion d'argent, ce qui peut aller à un quart de lot. Au ſurplus, on peut aſſurer que ces cryſtaux ne ſont que de la chaux de plomb unie & cryſtalliſée avec une petite portion d'une terre étrangere.

Mines de Sainte-Marie.

A ce nom, ceux qui ont quelques connaiſſances dans l'hiſtoire de l'exploitation des mines, reconnaîtront une des plus renommées, des plus anciennes & des plus conſidérables exploitations du monde, & qui les ſurpaſſe peut-être toutes par la variété & la quantité prodigieuſe de mines & minéraux qu'elle a fournis. Si quelqu'un en doutait, il n'a qu'à conſulter les catalogues & les regiſtres des cabinets minéralogiques des Princes; il ſe convaincra que preſque les plus beaux mor-

ceaux de toutes les especes qui composent ces collections , sortent de cette
exploitation. En effet , si on excepte
l'or & les mines d'étain , il n'y a point
d'espece de métal , mines & minéraux,
que les filons de Sainte Marie n'ayent
fournis.

Je passerai ici les bornes d'une note.
Le long séjour que j'ai fait dans ce
pays m'a mis à même de connaître plus
particuliérement ce qui a rapport à
cette exploitation que toute autre. Je
m'étais même proposé d'en faire l'histoire complette ; mais le difficultés &
le peu de secours que j'ai trouvé m'ont
obligé d'abandonner mon projet : je
me contenterai de rapporter seulement ici , selon mon plan , ce qui a
rapport à la Minéralogie proprement
dite.

Sainte-Marie , comme on sait , est
partie Lorraine & partie Alsace ; dans
l'une & l'autre existe beaucoup de
filons , tous courant jusques dans la
hauteur des montagnes , qui sont ici
les plus élevées de cette partie de la
chaîne des Vôges. Ces filons, dont quelques-uns suivent la direction des mon-

ragnes, & d'autres marchent dans un sens contraire, sont en général d'une puissance moyenne ; ils varient depuis un demi-pied jusqu'à quatre pieds : sujets à se perdre ou à se couper par la roche, ils sont laborieux dans la poursuite.

L'exploitation des filons qui courent dans la partie de la Lorraine, a été toujours distinguée de celle de la partie d'Alsace, chacune a fait une exploitation particuliere, comme appartenant à des Souverains différents ; c'est-à-dire, les mines de la partie de Lorraine au Duc de Lorraine, & celles de la partie d'Alsace à la maison des Deux Ponts.

Je ne m'arrêterai pas à parler de la premiere, parcequ'elle est déja cessée depuis long-temps ; mais ce que je dirai de celle de la partie d'Alsace, servira également à en éclaircir l'histoire minéralogique, puisque les filons de cette partie, comme ceux de celle-ci, ont donné à-peu près les mêmes especes de mines.

Il me semble qu'il faut remonter aux temps les plus reculés de l'Histoire Minéralogique, pour trouver le commencement de l'exploitation des mines de Sainte-Marie d'Alsace ; du moins on peut juger de son ancienneté par les travaux mêmes, qui sont très considérables, & dont quelques-uns annoncent que la poudre n'existait pas encore lorsque ces mines étaient en grande vigueur. On voit plusieurs galeries fort longues faites au ciseau & au marteau à travers un roc des plus vifs. Quelle patience n'ont pas dû avoir les Anciens, & avec quelle opiniâtreté n'ont-ils pas poussé leurs travaux (*)!

Il paraît que cette exploitation a essuyé plusieurs contretemps ou *défaillites* (**), & qu'elle a repris en diffé-

____

(*) Aujourd'hui il nous seroit impossible de soutenir l'exploitation des mines sans la poudre, le prix de la main-d'œuvre étant de beaucoup augmenté, quoique le prix des métaux soit sur un pied plus haut que dans ces temps, & que nous tirions plus d'avantage des substances minérales que ne faisaient les Anciens, qui n'exploitaient les mines que pour le cuivre & l'argent, & jettaient tout ce qui ne fournissait pas de l'un & de l'autre de ces métaux, comme inutile.

(**) Maniere de parler dans les exploita-

rents temps avec la même vigueur que
ci-devant. L'expérience nous apprend*
qu'il est ordinaire aux filons étroits, qui
courent en montagnes, de se montrer
riches pendant un certain espace, &
pauvres en d'autres. L'essentiel de ces
sortes d'exploitations est de savoir supporter avec économie ces temps de disette, & de profiter des temps heureux,
c'est-à-dire, de garder des fonds pour
pouvoir supporter les temps malheu-
reux.

C'est dans un de ces temps de *défail-
lite* que se trouvent actuellement les
mines de Sainte-Marie (1770) depuis
l'année 1767, où la Compagnie fut
dissoute par le manque de fonds, &
faute de contribuer de nouveau pour
payer les dettes qui s'étaient accumulées pendant la disette de mine. Mais
l'exploitation n'a pourtant pas cessé entiérement non plus que la mine dans

---

tions des mines pour exprimer un temps où les
mines ayant manqué, ou étant devenues rares,
la Compagnie se dissout, ou est obligée de
contribuer de nouveau pour payer les dettes
qui se sont accumulées, & pour soutenir les
frais des poursuites.

*

tous les filons qu'on poursuivait ; elle s'est maintenue par environ soixante ouvriers, sous la direction d'un seul Officier, M. Schreiberg, au profit du Prince des Deux Ponts, Comte de Ribeaupiere, qui jouit de ces mines sur le même pied que les Princes d'Allemagne. Le produit de ces mines s'est soutenu sur 20, 30 jusqu'à 50 marcs d'argent, & sur 12 à 16 quintaux de cuivre tous les quinze jours ou toutes les trois semaines, provenant de la mine d'argent grise.

Le nombre des filons qui ont été en exploitation dans cette partie est fort considérable. Si je n'en puis pas dire au juste le nombre, parceque la plupart de ceux qui ont été exploités anciennement sont ou ignorés, ou les marques effacées par le terreau, j'en citerai au moins dix huit qui ont été poursuivis près de notre temps dans une même époque. Par-là on peut juger du nombre des ouvriers, dont le nombre est allé communément jusqu'à huit cents. Vers ces derniers temps les fonderies & les laveries étaient en proportion. On compte encore, ou du moins les traces, cinq laveries & quatre fonderies ; mais il n'existe actuellement que 2 laveries & 2 fonderies en pied.

Outre les noms particuliers sous lesquels ces filons ont été désignés, ainsi que c'est l'usage dans toutes les exploitations, ils ont été toujours distingués par l'espece de mine qui y abondait, ou qui s'y présentait le plus communément. On disait filon de plomb, d'argent, de cuivre & de cobalt. Autant que j'ai pu apprendre, parmi ces filons il n'y en a eu qu'un seul qui ait fourni assez de cobalt pour mériter d'être désigné par le nom de cette derniere mine. Mais cette mine s'y est trouvée assez abondante pour mériter l'établissement d'une fabrique de safre, ou verre bleu, qui n'existe plus depuis long-temps.

Les montagnes dans lesquelles courent les filons, ne sont point nues ou pelées non plus que toutes les autres qui forment ce quartier de la chaîne des Vôges, mais couvertes plus ou moins par un terreau fin & noir ; aussi sont-elles fort fertiles tant en pâturages qu'en bleds ou légumes. Les filons

se manifestent à très peu de profondeur au-dessous de la premiere croûte,
même à travers les terres & pierres bri-
sées (*).

C'est un avantage pour l'exploitation que les filons courent en hautes
montagnes ; car on commence d'abord
par les prendre vers le plus bas de la
montagne, & de là on s'éleve jusqu'au
haut en fouillant la mine, quand on y
trouve de quoi s'occuper suffisamment.

(*) C'est ici un des points les plus inconce-
vables de la minéralogie ; car si, comme il y
a lieu de le croire, les terreaux n'ont été dé-
posés qu'après la formation des filons & des
rochers dans lesquels ils sont, comment concevoir qu'il se soit conservé une trace des filons parmi ces terreaux ou pierres détachées ?
Cependant ce n'est point à Ste. Marie seulement qu'on observe ceci, c'est ce qui se voit
communément dans les autres pays à mines, entre autres à Freyberg, & en Bretagne.
Mais parmi les exemples de ces marques de filons on en peut voir un frappant dans la vallée
de Valdajeot, près de Plombieres, dans le terreau qui couvre une ancienne mine de fer en
filon, où passe une veine de cette mine de fer
bien distincte, qui n'est accompagnée ni de
chevet ni de couverture.

Il paraît que c'est aussi ce qu'on a fait à Sainte-Marie ; aussi n'a-t-on pas eu besoin de faire des dépenses particulieres pour vuider les eaux.

Nous avons déja dit ci-devant que ces filons ont produit, excepté l'or & de la mine d'étain, toutes les especes de mines connues. Il n'est donc pas nécessaire que nous entrions dans le détail de ces mines. Il convient seulement que nous fassions remarquer leurs particularités & ce qu'elles ont de digne de remarque.

Il n'y a peut-être pas d'exploitation de mines où l'on ait fait plus souvent & plus inopinément ce qu'on appelle *fortune, rencontre heureuse*, qu'à Ste. Marie. En effet on voit, tant par de vieux regiftres que par ce qui s'est passé en dernier lieu, que tout à coup les mineurs se font trouvés vis-à-vis de la mine d'argent rouge ou de l'argent cru, ou de la mine d'argent vitreufe. Mais il paraît que c'est toujours l'argent cru & la mine d'argent rouge qui ont fait la plus grande partie de ces rencontres. Je citerai pour exemple une époque de l'année 1754, qui donna tant de

mine d'argent rouge , qu'on la fondît
comme une mine commune (*) : une
autre de 1755 , qui donna à-peu-près
deux quintaux d'argent cru : & enfin
une aussi d'argent cru (l'an 1771) dont
j'étais témoin , d'à-peu-près deux mille
livres de valeur: Cette exploitation a
fourni les plus beaux morceaux de l'un
& de l'autre. Il y a beaucoup de mines qui , comme celle qui se nomme
Himmelsfirst près de Freyberg , & de
St. Andreasberg au Hartz , ont fourni
beaucoup de mine d'argent ; mais il n'y
a peut-être eu jusqu'ici que les seules
mines de Ste. Marie qui ayent donné
cette mine sous tant de qualités différentes : aussi ai-je dit ci-devant que
c'est de Sainte-Marie d'où sont sortis
les plus beaux morceaux de cette mine.
En général on peut dire qu'on en a eu ,
1°. d'opaque, massive: 2°. de transparente , d'un beau rouge rubis , crystal-

---

(*) C'est en quoi l'on fit mal. Si on y eût
alors mieux connu la minéralogie & la métallurgie , on eût tiré plus de profit en jettant cet argent rouge dans les coupellages du
plomb.

lifée en plus ou moins gros cryftaux :
& 3°. d'une couleur rouge tirant fur
le jaune, ou tirant fur la couleur de
réalgar. Mais cette derniere qualité
s'eft toujours montrée plus rarement
& en bien moindre quantité que les
autres, & fouvent que comme des
taches ou points fur d'autres parties de
mines. D'ailleurs la mine d'argent rouge ne s'y eft pas toujours montrée ifolée, & par époque ou rencontre, mais
très communément par petites parties,
à la vérité, fur d'autres efpeces de mine ou roches, comme fur la mine d'argent grife & le quartz, en boutons ou
points, ou en cryftal.

Pour l'argent cru, on y en a eu fous
toutes les formes poffibles, & décrites
à l'expofition des mines. Il s'eft ou trouvé implanté dans la roche ou gangue
du filon, ou fermé entiérement, au
point que ce n'eft que par le brifement
qu'on l'a apperçu. Pour celui de la derniere époque citée, il s'eft trouvé envelopé dans une terre très fine, bleuâtre & grife; c'eft par le lavage, & après
avoir emporté cette terre, que l'argent
s'eft montré.

Très souvent plusieurs parties de filons se sont trouvées mêlangées de plusieurs sortes de mines avec l'argent cru
& la mine d'argent rouge ; d'où résul-
taient par le brisement les plus beaux
morceaux, les plus agréables à voir,
& les plus curieux pour les amateurs
de la minéralogie.

Quant à la mine de cobalt, il paraît
qu'elle se réduisait en deux qualités ou
especes ; savoir, la mine de cobalt en
chaux noire ou grise, & la mine de cobalt d'apparence métallique, grise blanche. Cette derniere qualité de mine se
présentait souvent en beaux crystaux :
on en voit des grouppes dans plusieurs
cabinets, de la plus grande beauté. Il
faut remarquer ici que cette espece de
mine, malgré son état brillant & son
apparence métallique, n'est pas la plus
riche de ces mines ; la plus grande partie qui la forme n'est souvent que de
l'arsenic ; mais celle-ci au contraire s'est
toujours montrée riche & de bonne
qualité.

Nous venons maintenant aux mines
ordinaires, ou à celles qui forment le
fonds de l'exploitation, qui sont la mi-

ne de cuivre, de plomb & d'argent
grise ou falherz des Allemands : mais
ce sont ces deux dernieres qui ont le
plus abondé à Ste. Marie. La mine de
plomb n'est pas à la vérité riche en argent, ne donnant tout au plus que deux
lots & demi au quintal ; mais c'est un
très grand avantage, & même on peut
dire un bonheur, quand dans une exploitation il se trouve suffisamment de
plomb pour le traitement au fourneau
de la mine d'argent grise ; car on sait
que sans le plomb on ne peut obtenir
l'argent de cette mine. Quand cela ne
se trouve pas ainsi, & qu'il faut ache-
ter le plomb ailleurs, l'exploitation
baisse ou est réduite à bien peu de valeur. Il faut avouer que c'est un avantage qu'on n'a pas toujours eu à Sainte-
Marie, & que la quantité de plomb
nécessaire y a manqué quelquefois, tandis que dans l'exploitation de Giromagni au contraire on a toujours eu pour
le traitement de cette mine plus de
mine de plomb qu'il n'en fallait : mais
l'exploitation de la Croix, tout près de
Sainte-Marie, a suppléé quelquefois
à ce manque. Il est possible en effet de

faire transporter le plomb nécessaire
à deux lieues sans trop de dépenses. La mine d'argent grise, comme
nous l'avons dit à l'exposition des
mines, donne en argent jusqu'à deux
marcs au quintal , & depuis seize jusqu'à vingt cinq livres de cuivre ; tout
le reste est arsenic, ou terre étrangere,
ou fer (*). C'est sur ce pied qu'il faut
regarder celle de Sainte-Marie , dont
le produit le plus ordinaire de la mine
commune , sur-tout parmi la mine de
lavage , ne va pas au-delà d'un marc &
demi d'argent , & de 16 à 25 livres de
cuivre au quintal. Mais ce qu'il y a de

(*) Il y a toute apparence qu'il existe une
portion de fer dans cette mine , & que c'est
elle qui apporte ce grand obstacle qu'on
éprouve quelquefois dans le raffinage du cuivre à Ste. Marie ; on sait que le fer une fois
uni avec le cuivre ne s'en sépare que difficilement , qu'il empêche même la parfaite fusion du cuivre , & qu'il est pourtant celui des
deux qui se scorifie le plus promptement. Si
donc , dans pareil cas , on ajoute du plomb, le
fer sera scorifié d'abord , le cuivre deviendra
pur. C'est un moyen qu'a été obligé d'employer quelquefois M. Schreiber , d'après le
conseil de Schlitter.

remarquable ici, est que cette mine se
présente fort souvent crystallisée en pyramides triangulaires, sur lesquelles parties il est ordinaire de voir de l'argent
cru en cheveux très fins, des points
ou petits crystaux d'argent rouges, comme nous l'avons exposé ci-devant, &
des boutons d'arsenic natif. Ce sont là
les particularités de cette espece de
mine de Sainte-Marie. Indépendamment du produit de ces parties étangeres à la mine, les crystaux de cette
mine sont bien plus riches que la mine
ordinaire.

Pour ce qui est de la mine de cuivre,
je ne sais rien de particulier à en dire ;
ce n'est qu'une mine ordinaire, d'un
beau jaune, qui se montre quelquefois
ferrugineuse, & mêlée avec la mine
d'argent grise ; en sorte qu'on voit des
masses de mine, dont un côté est de
la mine d'argent grise, & l'autre de
la mine de cuivre. Il est vrai que du
temps que j'étais à Sainte-Marie on
trouva parmi la mine d'argent dont
nous venons de parler, des parties chan-
gées en mine de cuivre violette, &
d'autre de couleur de foie fort riche.

Nous considérerons encore la blende de zinc, ou mine de zinc jaune de cire, vitreuse dans la fracture, qu'on a rencontrée quelquefois abondamment à Sainte - Marie, notamment dans le temps que j'y étais en 1770. Cette mine, qui est peu connue, mérite une attention particuliere. Je me suis assuré qu'elle est véritablement mine de zinc, puisque j'ai fait du cuivre jaune ou laiton, en poussant dans un creuset, avec du charbon en poussiere, des morceaux de cuivre stratifiés avec cette blende. Les parties de cette blende, qui se sont trouvées former les scories, avaient été fondues, & se trouvaient de couleur d'antimoine & crystallisées en petites aiguilles brillantes. La composition de cette mine m'a paru être du zinc sous l'état de chaux unie avec du soufre au moyen du fer.

On a regardé en minéralogie comme une rareté de trouver de la mine de fer grise abondamment en filon, & avec raison, puisqu'on voyait que ces mines se présentaient toujours en tas, même hors des pays à filons, dans les terreaux, &c. Mais Ste. Marie fournit un exemple

ple qui montre qu'on aurait eu grand
tort de faire une regle générale sur ce
sujet ; car tout un quartier de filon s'est
trouvé entiérement de cette espece de
mine, dont beaucoup de parties se sont
trouvées crystallisées à leur surface,
ou dans leur intérieur, en petits boutons ou parties sphériques. Plusieurs
autres filons ont aussi donné à-peu-près
une pareille mine. J'ai déja publié,
dans les Journaux des Savants pour
l'année 1768, une Observation touchant des parties d'une mine de fer
trouvée dans un filon du quartier de
Fertru, qui, exposée à l'air libre, s'est
convertie à sa surface en mine de
plomb verte.

Nous finirons, pour ce qui regarde
les minéraux métalliques, par l'arsenic
natif, dont les filons de Sainte-Marie
ont fourni & fournissent encore une si
grande quantité, qu'on peut regarder
ceci comme une particularité de cette
exploitation. En effet, il n'a pas été
rare de trouver pendant l'étendue de
quatre à cinq toises rien autre chose
que de cet arsenic, qui est la plupart
grenu, très solide, & qui montre un

grand brillant métallique dans sa fracture fraîche , ou frotté ou limé à sa surface , mais qui se ternit bien promptement à l'air , ainsi qu'il a été dit à
l'exposition des mines. On y distingue
quelquefois des parties qui y semblent
étrangeres, ou comme implantées, d'un
tissu plus uni , & d'un brillant qui ne
se ternit point à l'air , du moins pas
jusqu'à perdre l'éclat métallique. J'ai
cru que cette différence pouvait provenir de quelque portion de fer , qui
était combinée ici avec l'arsenic (*) ,
ou d'une portion d'argent. Quoi qu'il
en soit , nous ne devons pas oublier
ici de faire mention qu'il se trouve des
parties d'arsenic qui contiennent réellement de l'argent , & aussi quelquefois
des parties de mine d'argent grise ordinaire.

On aurait pu sans doute tirer avantage de cet arsenic & en faire de l'arse-

---

(*) L'arsenic a la propriété de ternir plus
ou moins les métaux avec lesquels il est combiné , excepté le fer & l'argent , avec lesquels
il se soutient avec un éclat brillant ; ce qu'on
voit d'ailleurs dans les pyrites arsenicales & le
mispickel , & les mines d'argent blanches de
Henckel.

nic blanc, tout comme on aurait pu
mettre à profit la fumée qui s'éleve du
grillage de ces mines, en la faifant paffer dans des tuyaux de bois, dans lefquels l'arfenic fe ferait attaché, & qu'on
aurait pu fublimer enfuite dans d'autres
en arfenic en blanc. Par-là on aurait pu
augmenter le revenu de l'exploitation ;
mais on l'a regardé comme inutile, &
on l'a jetté ou laiffé de côté, excepté cependant qu'on en employe quelque peu
aujourd'hui pour grenailler le plomb,
ou le réduire en plomb à tirer.

Parmi les minéraux non métalliques
qui fe font préfentés dans des filons de
Sainte-Marie, on peut compter, indépendamment de toutes fortes de gangues, comme de friables, ou molles,
de folides, en roches grifes ou noirâtres (*), 1°. le fpath fluor, dont il y en
a des cryftaux d'une belle tranfparence
& d'une couleur légere verdâtre, ou
couleur d'aigue marine.

2°. Spath calcaire, affez tranfparent,

(*) Voyez ci-devant dans les remarques générales fur les mines, l'idée que nous avons
donnée des gangues.

d'une couleur vineuse , composée de feuillets appliqués les uns sur les autres.

3°. Un autre spath calcaire , opaque, blanc souvent comme du lait.

4°. Un spath des plus pesants (*) , dont il y en a d'opaque & d'à demi transparent , & de fort blanc en cryſtaux assez grands , figurés parallélogrammement , ou en quarrés , alongés plus ou moins épais. Ces deux dernieres substances sont celles qui se montrent le plus communément accompagnant les mines dans les filons. Il n'est point rare de voir dans le même morceau ces deux sortes de spath.

5°. Du quartz blanc , dont il y en a d'opaque vitreux dans la fracture , & d'opaque , connu en minéralogie sous le nom de quartz laiteux.

6°. Des cryſtallisations quartzeuses

(*) Ce spath est la plus pesante de toutes les substances non métalliques ; mais il y en a de plus ou moins pesantes parties les unes que les autres. Celui qui est à demi transparent m'a paru un peu moins pesant que celui qui est entiérement opaque.

transparentes , ou d'à demi trasparen-
tes , à gros & à petits cryſtaux , dont
quelques unes ſe ſont trouvées amé-
thyſtées à leur ſurface extérieure (*).
L'on en voit d'auſſi belles que celles de
Suiſſe, connues ſous le nom de cryſtal.

7°. Des cryſtalliſations calcaires ,
dont les cryſtaux ſe montrent communément rangés ſur une ſurface plane ,
de forme & grandeur de tête de clou ,
c'eſt-à-dire, à trois faces , dont le centre ſe termine en pointe. On a trouvé
ſouvent une rangée de ces cryſtaux ſur
de la mine de plomb dans le filon nommé *de S. Philippe*, comme auſſi c'eſt dans
ce filon qu'on a trouvé la plus grande
partie de ces cryſtalliſations. Quelques-uns de ces cryſtaux paraiſſent de
la même tranſparence que les cryſtaux
quartzeux , mais ils ne ſont point auſſi
brillants. Quant à leur dureté , il eſt
entendu qu'étant calcaires ils ne doi-

(*) On entend par ſurface extérieure celle
qui ne touche point aux parois ou à la roche
dans les filons , ou qui eſt oppoſée à celle par
laquelle la cryſtalliſation tient ou eſt attachée
à la roche.

vent pas l'être autant que les cryſtaux
quartzeux. Cette eſpece de cryſtalliſation eſt d'autant plus digne d'attention,
qu'elle paraît particuliere à Sainte-Marie. Aucun Minéralogiſte n'a fait même
mention de pareille cryſtalliſation , ſi
on excepte ce qu'expoſe M. Cronſtedt
dans ſa Minéralogie touchant la cryſtalliſation de la terre calcaire , qu'il dit
ſe cryſtalliſer ſous la forme que nous
venons d'expoſer ; ce qui peut s'appliquer en quelque ſorte au cas préſent.

Pour les minéraux hors des filons ,
c'eſt-à-dire compoſant les montagnes ,
on a d'abord la roche commune qui ſe
préſente formée de couches ou feuilles
appliquées les unes ſur les autres , preſque toujours dans un ſens oblique. Ces
roches ſont viſiblement , en quelques
endroits, compoſées de parties quartzeu-
ſes, ou de nature ſableuſe ou argilleuſe,
avec leſquelles ſe trouvent ſouvent des
parties de fer , comme ſont d'ailleurs
preſque toutes les roches des pays à mine. Ce n'eſt point ici le lieu d'expoſer
mes idées ſur la formation de ces roches;
mais on ne pourra croire que difficilement que ces roches ſoient le produit

d'une matiere homogene & d'une époque où la matiere aurait pris sa premiere forme. Elles ont toutes les apparences d'avoir été produites aux dépens de la destruction d'un système antérieur (*). Indépendamment des parties de fer, que les Minéralogistes ne pourront regarder que difficilement comme ayant été produites dans ces roches, si quelqu'un douterait de ce que nous disons, nous lui indiquerions des bancs ou blocs d'un grès rouge, qui se trouvent communément parmi ces montagnes, dans lesquels on voit une quantité prodigieuse de galets & de cailloux usés sphériquement; & nous lui demanderions s'il y a lieu de croire que ces pierres ayent été formées en cet état; s'il n'y a pas plutôt lieu de croire qu'elles ont été ce que sont à présent les galets ou cailloux sphériques sur le bord de nos rivieres ou de la mer. Or, si on admet cette conséquence, quelle raison opposera-t-on pour ne pas recon-

---

(*) J'entends ici par système un arrangement ou formation particuliere des roches de notre globe.

naître les roches à mine pour être de
seconde formation , dans lesquelles , à
la vérité , on ne trouve pas de ces galets , mais qu'on ne peut pourtant pas
méconnaître pour n'être pas composées
de parties étrangeres les unes aux autres (*).

En outre il y a communément parmi
les montagnes à Sainte-Marie des roches de granit , dont la base est du
quartz blanc avec du mica noir ; mais
il n'est pas toujours des plus solides.

On remarque encore des roches graniteuses , énormes , isolées , sur la plus
haute montagne de Ste. Marie , nommée le Persoir , dans lesquelles on remarque du fer en chaux rouge , & quel-

---

(*) Non que je veuille faire entendre que
la formation de ces roches soit l'effet d'un dé-
luge ou d'une inondation. Je suis bien éloigné
d'attribuer un pareil effet à une pareille cause,
encore bien moins l'arrangement & la disposition des montagnes & des mines. Il n'y a
qu'une révolution générale conduite par des
loix que nous ne connaissons pas, dans laquelle non seulement les roches sont dissou-
tes, mais encore les terres ou terreaux chan-
gés ; & du tout résulte un nouveau système
ou nouvel ordre.

quefois dans leur cavité une mine de
fer, couleur de ce métal, crystallisée
en polyedre ou comme le quartz : c'est
la même mine de fer dont nous avons
parlé, espece VIIIe. & XXVIIe. générale. Mais il y a tout lieu de croire que
cette espece de mine a été formée de
la même maniere que les autres mines
se forment dans les filons. On y remarque encore, comme une chose bien digne d'attention, une montagne toute en
une espece de roche calcaire spathique
blanche, parsemée de mica jaune fin.
Quand on brise cette roche, elle se présente toute en petites facettes brillantes & crystallines ; on en fait de la
chaux qui n'est pas des meilleures.

Enfin, on voit sur le sommet de
quelques montagnes à Sainte-Marie,
sur-tout sur celle qui est sur le passage
de Sainte-Marie à Saint-Diez, & qui
forme vers ce côté la plus grande hauteur, de ces roches énormes détachées
& entassées les unes sur les autres sans
ordre, dont parle M. Vallérius dans
ses Eléments de Métallurgie, & qu'on
voit communément dans la Suisse, dans

L w

les Alpes & les Pyrénées. Ces roches, celles de cette derniere montagne, sont les plus beaux granits qu'il y ait à Ste. Marie, & fort différents de celui dont nous avons parlé plus haut, tant par la dureté que par la grandeur de ses parties. On y distingue comme des cryſtaux de quartz alongés, brillants, blancs, & des grains rougeâtres. A cet aspect, le Minéralogiſte demeure étonné & confondu, ne pouvant comprendre la cauſe de l'état de ces roches, ni celle de la diſpoſition & de l'arrangement des montagnes.

ADDITION.

Mon deſſein ayant été de faire connaître, le plus qu'il me ſerait poſſible, notre Minéralogie Françaiſe, mais n'ayant pas été à portée de tout voir par moi-même, j'ai cru devoir demander des inſtructions à ceux de nos Minéralogiſtes qui exploitent des mines dans le Royaume, & que j'ai jugé être en état de m'en donner ; ainſi ce qui va ſuivre n'eſt pas de moi.

*Mine de Quatnoz en Basse-Bretagne,
près de Belle-Isle. Notice tirée d'un
Mémoire de M. Grevin, Directeur
de l'exploitation des mines de Poullaouen, pour la partie de la géométrie
souterraine.*

La mine de Quatnoz avait été entreprise, il y a 60 ans à-peu-près, par M.
de Goëbriant ; mais son peu de produit
l'avait fait abandonner. Elle a été reprise depuis huit ans, & a été poursui-
vie jusqu'à environ trois cents pieds,
tant en profondeur qu'en largeur, sans
qu'on ait pu concevoir de grandes es-
pérances, attendu que dans cet espace
on n'a eu que seize à dix-sept milliers
de minerai. Le filon qui s'est montré
ici a paru n'être qu'une réunion de trois
veines, qui, courant dans un roc friable,
n'a point observé de direction constante : c'est de la mine de plomb qu'il fournit, fort riche. Mais ce qui mérite attention est que la mine de plomb la
plus riche est précisément celle qui se
trouve crystallisée cubiquement, dont
le produit va jusqu'à quatorze onces.

d'argent au quintal , pendant que celle qui est granulée ne tient tout au plus que quatre onces d'argent ; ce qui est , comme on voit , le contraire des autres mines de plomb , où l'on voit que celle qui est crystallisée est toujours celle qui est la plus pauvre en argent.

Il s'est montré des veines dans un vallon tout près du filon en question , contenant de la mine de cuivre ; mais elles sont trop pauvres pour être exploitées avec avantage : cependant si on suivait ces veines , peut-être trouverait-on un filon à leur point de réunion.

MÉMOIRE

*Sur les Mines de la vallée de Baïgorry,
en Basse-Navarre, & sur leur exploitation, fourni par M. Meuron de Châ-
teauneuf.*

L'ORIGINE primitive de l'exploitation de ces mines est très ancienne,
& remonte peut-être au temps des Romains. Quoiqu'on ne puisse assurer que
ces peuples les ayent exploitées, on a des
doutes qu'ils peuvent les avoir connues,
par les médailles ou pieces de monnoye
de cuivre & d'argent qu'on trouva en
creusant les fondements de diverses
bâtisses qui font partie du corps de l'é-
tablissement qui existe. Quelques-unes
de ces médailles étaient bien conser-
vées ; on lisait entre autres sur l'une,
Octave, Lépide & Antoine, époque du
Triumvirat : elles furent envoyées au
Ministere.

Sans s'arrêter à découvrir si ce sont
les Romains qui commencerent à fouil-
ler ces montagnes, ou d'autres peuples
postérieurs à eux, il est toujours vrai

qu'on a été occupé très long-temps à
la recherche des mines dans cette con-
trée, & qu'on en a extrait beaucoup
de minéral : les ouvrages qu'on a successivement découverts pendant l'exploitation actuelle, leur étendue, indépendamment d'une assez grande
quantité de matieres minérales qu'on
trouva, & qui étaient comme enfouies
dans la terre par le laps du temps, at-
testent la vérité de ce qu'on avance.

En 1728 mes Auteurs obtinrent du
Ministere une concession pour travailler à la recherche des mines dans la
Basse-Navarre, les pays de Soule &
de Labour. Les premiers essais se firent
dans la vallée de Baigorry ; ils ne furent pas heureux. Les filons qu'on en-
tamait ne répondant point aux espé-
rances, on les abandonnait pour s'attacher à d'autres qui éprouvaient aussi-
tôt après le même sort.

Le bruit de cette entreprise s'étant
répandu dans les cantons voisins, on vit
aborder de divers endroits des échantillons de mine bonne & mauvaise. On
envoyait aussi-tôt des ouvriers sur les
Lieux pour examiner & reconnaître les

objets qu'on croyait bons , on y faisait
ensuite travailler. Ce fut de cette maniere qu'on exploita pendant quelques
années une mine de cuivre à Ainhoa
dans le pays de Labour , distante de sept
lieues de Baigorry. Elle fournit pendant un temps de bon minéral & en
assez grande quantité : mais ayant diminué , & les frais du transport , qui
se faisait à dos de mulet , étant trop
considérables , on l'abandonna.

Cette maniere ambulante de travailler dura jusqu'en 1745. Le peu de succès qu'on avait eu jusqu'alors , & la situation critique où l'on était pour continuer , détermina à faire un dernier
effort & à tâcher de pénétrer dans les
anciens travaux dont on avait quelques
notions. On se figurait (quoique sans
aucun fondement) qu'on devait trouver du minéral en abondance dans ces
vieux travaux. Cette idée soutint au
moins un peu le courage abattu des
Entrepreneurs : le hasard s'en mêla
aussi , en faisant découvrir une galerie. Elle était entiérement comblée ;
on travailla à la déblayer , & a mesure
que l'on avançait , il se présentait d'au-

tres ouvrages. Dans quelques-uns on trouva de la mine encore attachée au rocher ; cela fit redoubler de vigueur. Enfin au bout de dix-huit mois de travail suivi, on parvint à nettoyer cette galerie, & à joindre l'endroit où les anciens avaient cessé.

Cette galerie avait cent vingt toises de long, percée en travers du rocher ; elle communiquoit à d'autres travaux plus élevés : à son extrémité il y avait un puits profond de sept toises, où l'on trouva de belle mine, quelques vieux outils, & des pieces de bois en partie consumées par le feu.

Ce fut à la suite de ces différentes découvertes que l'on réfléchit sur les entreprises des anciens, & que l'on chercha à connaître à fond tous les travaux qu'ils pouvaient avoir faits. On remarqua facilement que la galerie dont il est fait mention, n'avait été entreprise que pour faire écouler les eaux qui se ramassaient dans leurs ouvrages ; qu'ils avaient eu une autre entrée pour leurs souterrains ; & qu'enfin il devait y avoir d'autres ouvertures par où l'air était introduit. Après d'exactes recherches, toutes ces conjectures se réaliferent : on trouva que la montagne , dans laquelle ces vieux ouvrages étaient renfermés , avait une iffue à fon fommet. On la nettoya avec beaucoup de peine & de rifque ; & ce fut en y travaillant que la véritable entrée des anciens fut trouvée.

Cette miniere fut nommée *les trois Rois* , à caufe du jour de fa découverte. Elle eft la plus confidérable de toutes celles qu'on exploite , tant par fon étendue horizontale , que par fa profondeur perpendiculaire qui eft de quatre vingts toifes.

Pour pouvoir répondre d'une maniere plus fatisfaifante aux demandes que vous m'avez faites , & me rendre plus intelligible , j'ai joint à ce Mémoire un petit plan du local que j'habite : vous y trouverez marqués les endroits principaux ; vous verrez que mon établiffement eft affis au pied des montagnes dans un vallon fort étroit , traverfé par une riviere affez confidérable qui coule à Bayonne, fe joint à l'Adour , & va fe perdre enfuite dans l'Océan. Cette riviere me refferre beaucoup ;

de maniere qu'une partie de mes bâ-
tiſſes & minieres ſe trouvent d'un côté,
le reſte de l'enſemble eſt de l'autre &
ſe communique par un pont. Il réſulte
de cette poſition gênante, que l'exploitation de ces mines ne peut point
être faite avec autant de facilité & d'é-
conomie qu'on le ferait dans un autre
local.

Tous les ouvrages des anciens qui
ont été découverts juſqu'à préſent paraiſſent avoir été commencés à moitié
hauteur de montagne : leur étendue
horizontale était fort conſidérable ;
mais à l'égard de la profondeur, on
n'en a pas trouvé qui fuſſent au-delà
de cinq toiſes plus que le niveau de la
riviere dont il eſt fait mention ; d'où
l'on peut conclure que, n'ayant point
alors ni l'uſage de la poudre ni des
pompes, comme on l'a de nos jours,
ils ſe trouvaient dans l'impoſſibilité
d'extraire les eaux ſouterraines lorſqu'elles devenaient abondantes : l'on
peut préſumer que c'eſt une des principales raiſons qui a fait ceſſer leurs
travaux, ou bien qu'ils furent chaſſés
de ces contrées par d'autres peuples

qui méprisèrent ces entreprises. La premiere conjecture semble être la plus
juste, les difficultés & les peines qu'ils
devaient essuyer dans leur maniere de
travailler paraissent le confirmer. Ne
connaissant point la poudre, ils étaient
obligés d'allumer du bois pour écailler
& attendrir la mine & le rocher. On
abattait ensuite, à coups de pics & de
marteaux, ce que la violence du feu
avait comme détaché ou attendri : mais
les eaux étant trop abondantes, ce travail devenait inutile.

Après que l'on eut remis en ordre les
vieux travaux, on reconnut que les anciens avaient travaillé sur deux filons à
la fois : on s'attacha à suivre celui qui
était le plus étendu, & on avait trouvé la bonne mine de cuivre ; on établit des pompes à bras pour extraire
les eaux. Les essais que l'on fit dans la
profondeur réussirent en partie ; on
trouva en divers endroits de la bonne
mine ; ce qui soutint le courage des
Entrepreneurs. A mesure que les ouvrages se faisaient en bas, on continua
de pousser horizontalement la galerie
supérieure que l'on avait trouvé faite :

& après quelque temps de travail, on
joignit le second filon ; ce qui donna
plus de clarté & de lumiere. Ce filon
était d'une nature & d'un produit différents de l'autre : il contenait de la
mine grise de cuivre tenant argent (*),
quelques parties de fer, & de la mine
de cuivre jaune (**). Il y eut une abondance de minéral à l'endroit où se fit
cette jonction. On crut que ces deux
filons se sépareraient, ayant l'un & l'autre une direction & une inclinaison
différentes, cependant il n'en fut rien.
Après s'être étendus l'espace de neuf à
dix toises, ils se perdirent, coupés par
un veine sauvage : c'est ici la premiere
variation considérable qu'on éprouva.

Cet événement détermina à presser
les ouvrages en profondeur. Comme les
eaux augmentaient, on quitta l'usage
des pompes à bras, pour établir une
machine hydraulique, mise en jeu par

(*) C'est la mine d'argent grise, espece si-
zieme, ou *Fahlerz* des Allemands.

(**) La mine jaune qui se trouve dans ce
filon est plus pâle, & d'un grain beaucoup plus
menu que l'autre.

le moyen d'une roue. Le filon se soutint affez également par-tout, mais ne
fournit de la mine que par intervalle :
on était parvenu à trente-cinq toifes
deffous le niveau de la riviere lorfqu'il
difparut. Cette révolution détruifit
prefque entiérement toutes les flat-
teufes efpérances qu'on avait formées.
Cependant on continua, n'ayant d'autre guide que la trace. Après quelques
toifes d'ouvrage on le retrouva, mais
tout-à-fait couché : on ne douta point
qu'il ne fe remît. Enfin il reprit fon
inclinaifon naturelle, qui était de 80
degrés, & il l'a confervée jufqu'à préfent. Sa direction eft du levant au couchant entre 7 heures 7 minutes de la
bouffole.

Les ouvrages que l'on a faits depuis
la découverte de cette miniere, font
très confidérables, fur-tout contre le
couchant, parceque le minéral y a été
plus abondant & le rocher beaucoup
meilleur : on l'a eu conftamment égal,
d'une efpece d'ardoife facile à travailler & folide ; au lieu que contre le
levant, il s'eft rencontré toujours plus
dur, & par intervalle d'une force éton-

nante. Le filon s'en ressentit aussi ; il perdit de ce côté son inclinaison ordinaire , tomba perpendiculairement & fournit beaucoup d'eau : il contenait peu de minéral mêlé abondamment de pyrite. Nonobstant ces changements , on continua à le suivre jusqu'à la distance de cinquante toises : pendant cet intervalle il se perdit plusieurs fois & reparut de même ; mais les eaux devinrent assez abondantes pour faire craindre que la machine hydraulique ne pût suffire à les extraire. D'ailleurs cet ouvrage étant dirigé contre la riviere , on appréhendait d'autant plus ce côté que le filon la traversait , il avait son issue jusqu'au jour. Ces raisons firent cesser toute opération de ce côté-là pendant un assez long temps. On continua du côté du couchant : les ouvrages y ont toujours réussi ; mais lorsqu'on joignait le second filon qui donne le minéral mélangé , la même veine de rocher sauvage le coupait toujours : la seule différence qu'il y avait , c'est que plus l'on approfondissait , plus il y avait de distance à faire cette jonction.

En 1760 on détermina de faire une

tentative du côté du levant, afin de mieux connaître le filon. Pour y parvenir, on entreprit une galerie au dehors & prise au bord de la riviere. Dès le principe on trouva de la mine *bocarde* (*), & la nature du rocher assez bonne : on avança la longueur de 120 toises, mais enfin le filon se perdit après avoir essuyé dans cette distance une infinité de variations, & n'avoir obtenu que très peu de mine. On cessa l'ouvrage horizontal pour essayer dans la profondeur ; on y travailla, & bientôt on reconnut qu'il fallait établir une seconde machine hydraulique ; elle fut en effet exécutée. On approfondit trente toises avec beaucoup de difficultés, causées par la dureté du rocher & l'abondance des eaux : on n'a pas continué plus bas à cause du peu de matiere qu'on trouvait ; mais on s'est fort étendu horizontalement. Indépendamment de la premiere galerie, il y en a encore trois plus basses, dont l'une a cent

---

(*) Maniere de s'exprimer parmi nos Mineurs Français, pour désigner une mine ou minerai qui n'est propre qu'à être bocardé.

trente-cinq toises. Dans plufieurs endroits on a trouvé de belle mine, ce qui engageait à continuer ; mais comme elle ne fuivait pas en profondeur, on ceffa tout travail de ce côté de la riviere.

Quoique ce fût le même filon que celui de la miniere *les trois Rois*, il a été conftamment d'une nature bien différente contre le levant. D'abord, la pierre ou gangue qui le compofe eft en général un quartz gris, tirant affez fur la pierre à corne (*), très dur ; le minéral ne s'y trouvait que par rognons, toujours fortement mêlé de pyrite. Le rocher qui envelopait ce filon était fauvage, & gifait par couches obliques de quatre, cinq & fix pouces d'épaiffeur, d'où fortaient fans ceffe de petites fources d'eau, qui formaient une immenfe quantité de ftalactites ou ftalagmites d'un jaune rougeâtre. Le filon avait de plus l'inclinaifon plus forte & toute oppofée à l'autre côté contre le couchant : il inclinait vers le nord, & là

______

(*) *Hornftein* des Allemands.

c'était

c'était vers le midi. Cependant si l'on devait partir d'après les regles qu'on observe à Freyberg sur l'inclinaison des filons de mine bien réglés (*) , il en résulterait que celui de la miniere *les trois Rois* est encore du côté du levant , & contraire à celui qui va contre le couchant , parcequ'en Saxe un filon spath (**) , comme est véritablement celui-ci , doit , lorsqu'il est bien réglé , avoir son inclinaison contre le midi.

Ces regles ne peuvent guere être justes dans ce pays ; sa distance & sa position s'y opposent.

On ne peut au reste douter que la différente nature des deux montagnes par où le filon a sa direction, n'ait beaucoup contribué aux variations qu'il a essuyées du côté du levant. On ne peut non plus douter que les anciens n'ayent promptement reconnu les difficultés

---

(*) Parmi les pays de mines il n'en est point où les filons se soient montrés si constants à cet égard qu'à Freyberg.

(**) On entend par filon spath celui qui a sa direction de l'est à l'ouest, ou qui court, selon la boussole minéralogique, depuis six heures jusqu'à neuf.

M

qu'ils auraient rencontrées de ce côté-
là : ils n'y ont fait que très peu d'ouvrages , & on peut dire qu'ils ne font
que fuperficiels ; au lieu que contre le
couchant ils en ont fait de très étendus.

On a obfervé dans toutes les minieres qui font exploitées , & qui l'ont
été , que la mine de cuivre n'eft nette
& abondante , que lorfque le filon eft
tout compofé de quartz blanc. Lorfque
le fpath prend fa place , c'eft un figne
certain de changement qui annonce
moins de matiere : ce fpath eft d'un
blanc éclatant , il eft ferrugineux. Lorfqu'il eft expofé à l'air , il perd fa couleur blanche & devient d'un brun rougeâtre.

Le filon qui fournit la mine d'argent
grife a continuellement été mêlangé
avec de la mine de fer blanche ; il femble qu'elle lui foit inhérente. Dans
plufieurs endroits de ces contrées où on
a trouvé de cette mine grife , on a toujours obfervé que celle de fer l'accom-
pagnait , & qu'elle eft fouvent cryftallifée. Malgré tous les ouvrages qui ont
été faits , on n'a jamais pu prendre une

direction juste de ce filon ; il ne s'est
pas étendu un certain espace , il n'a pas
même eu d'inclinaison réguliere , il s'est
toujours partagé en plusieurs branches.
Lorsqu'il a été le plus abondant , il
était sans pierre quelconque , & le rocher qui envelopait la mine n'avait aucune consistance ; ce n'était qu'une ardoise noire gluante , & qui tombait
sans le secours de la poudre.

Tous les filons des minieres connus ,
& qu'on ne travaille pas , ont tous leur
issue jusqu'au jour : on trouve même
assez communément de la mine bocarde du moment qu'on les entame. Il
s'est rencontré à diverses reprises quatre , six & dix pouces de minéral massif au jour dans des filons qu'on n'avait
point encore touchés.

La pierre ou roche qui constitue ordinairement tous les filons , est toujours du quartz , mais de différente
qualité. Il s'en rencontre d'une espece
blanche & fort luisante , qui ne vaut absolument rien : cette qualité ne con-
tiendra qu'une mauvaise pyrite , & jamais d'aucune sorte de bon minéral.

A l'égard des différentes especes de

mines que l'on trouve dans ces contrées, on peut les réduire aux trois suivantes ; de cuivre jaune ordinaire, de cuivre grise tenant argent, ou mine d'argent grise, & de la mine de fer blanche & noire. La premiere de ces deux especes de mine de fer est très abondante dans ce pays : il y a une suite de montagnes au couchant du côté de la frontiere d'Espagne, où on en trouve abondamment; elle est assez ordinairement mêlangée de mine de cuivre jaune, mais sans aucun quartz ni spath quelconque.

La mine de fer noire que l'on trouve est aussi communément mêlangée avec du cuivre. Cette qualité de mine ne fait pas corps avec le rocher ; elle est dans la terre en rognons ou par morceaux de différente grosseur. Il s'en est trouvé des blocs qui pesaient jusqu'à vingt-cinq quintaux.

On a fait dans un temps plusieurs recherches pour avoir des mines de plomb, mais elles ont toujours été infructueuses. Quoiqu'on ait trouvé quelques échantillons de ce minéral, il ne s'en est pas rencontré de filons suivis : le peu de mine de plomb qu'on a eu dans ces contrées était ordinairement renfermé ou ifolé dans des maffes de pierre à chaux, mais fans aucune fuite.

Comme je crois que vous ferez bien aife de favoir de quelle maniere on traite les deux efpeces de mine de cuivre qui fe trouvent dans cette exploitation, je vais vous en faire le détail en abrégé.

Traitement de la mine de Cuivre jaune ordinaire.

On réduit à trois fortes le minéral nettoyé & propre à être fondu, & on le différencie par les dénominations fuivantes :

Mine groffe.

Mine criblée.

Mine de bocard.

La quantité que l'on a de chacune de ces efpeces décide des arrangements intérieurs de la fonderie.

Les deux premieres qualités font portées dans le fourneau de fonte fans aucune préparation préalable ; il n'y a que la mine de bocard qui eft pêtrie avec un quart de chaux avant que d'en trer au feu. Lorsqu'on a fait l'arrangement de ces diverses especes de mine, on y ajoute aussi en proportion quelques quintaux de mine noire de fer, & des scories ordinaires. Cette mine de fer sert à s'emparer du soufre, & à en dégager le métal; elle rend aussi le cuivre qui en doit provenir plus doux (*). Et comme elle tient toujours quelque peu de minéral, il se trouve une petite augmentation dans la totalité.

La fonte des mines brutes se fait dans un fourneau à manche. Le produit qui en sort est de la *matte*. On en met ordinairement deux cents quintaux dans un fourneau de grillage, où le feu se donne avec du bois de hêtre : cette opération est répétée quatorze fois en deux mois de temps; ensuite on rapporte de nouveau toute la partie dans la fonderie pour être refondue dans un fourneau à lunettes; il en sort alors du cuivre brut ou noir, & environ 6 quintaux de matte fine (**). Ce

____

(*) C'est parcequ'il s'empare de l'arsenic.
(**) On entend par matte fine celle qui provient, comme ici, de la seconde fonte.

cuivre est ensuite raffiné sur un fourneau ouvert ordinaire (*).

La maniere de traiter la mine grise ne differe guere de la précédente. On la réduit aussi à trois especes : les deux premieres sont calcinées ou grillées avec quelque peu de chaux vive bien séchée dans un feu modéré, avant que d'être jettées sur le fourneau de fonte (**). Après que la calcination est faite, on la traduit dans la fonderie. Quant à la mine de bocard, elle est fondue brute, mais on la pêtrit avec un tiers de chaux, au lieu qu'à l'autre un quart est suffisant. Ces matieres fondues ensemble donnent aussi de la *matte*, qui est traitée au grillage comme la précédente, & refondue ensuite en cuivre brut dans un fourneau à manche ; après quoi ce cuivre est mis en

---

(*) Il est prouvé aujourd'hui qu'il vaut mieux se servir du fourneau de réverbere pour cette opération.

(**) C'est une erreur de croire que la chaux puisse être de quelque utilité dans pareilles circonstances, elle ne peut tout au plus que faciliter la fusion de la terre réfractaire dans la fonte de la mine.

lingots, & vendu pour l'argent qu'il contient.

La teneur de cette mine grife en cuivre a été toujours à-peu près égale, trente pour cent : elle n'a varié dans la quantité de fin, que lorfque la mine jaune dominait fur la grife. Le cuivre qui en provient tient depuis deux juf-qu'à cinq marcs. Cette matiere renfer-me de l'arfenic & quelques parties antimoniales : elle exhale dans la fonte une fumée épaiffe, blanche & bleuâtre ; cependant on la traite avec beaucoup de facilité. Au refte, cette qualité de mine devrait dès le prin-cipe être travaillée avec des mines de plomb ; mais comme on n'en a jamais pu découvrir, on s'en défait de la ma-niere qu'on vient de le dire.

La mine de cuivre jaune ordinaire a varié dans fa teneur chaque fois qu'il y a eu des révolutions confidérables dans le filon. Quand la matiere était abondante, le quintal de mine rendait le tiers en cuivre ; & lorfqu'il y en avait peu, malgré qu'elle fût pure, le produit fe réduifait au quart. Cette qualité de mine ne contient que du

soufre ordinaire. Cependant lorsqu'elle
est mêlangée avec quelque peu de *kis*,
elle tient alors des parties arsenicales,
qu'on ne peut détruire par le traitement
commun ; aussi s'en apperçoit-on au
cuivre raffiné qui en provient: il n'est
pas d'un rouge aussi éclatant, & il est
moins malléable.

M v.

DISSERTATION
PRATIQUE
Sur le traitement des Mines de Cuivre
par M. Cancrinus.

INTRODUCTION.

ON n'a pas besoin de se donner beaucoup de peine pour trouver les raisons pourquoi il n'y a pas davantage aujourd'hui de mines de cuivre en exploitation, si on porte son attention sur ces deux objets : 1°. sur l'emploi & la dépense du bois, & le peu d'épargne qu'on en fait : 2°. sur différentes méthodes dispendieuses préjudiciables, en usage dans les travaux des fonderies.

Ces deux objets ont été déja mis en considération autrefois par les plus intelligents des Métallurgistes ; ils n'ont pas travaillé à l'amélioration de leurs travaux, sans en retirer de grands avantages ; & de temps en temps ils ont fait d'utiles découvertes, qui se sont maintenues toujours dans les pays où elles ont été mises en pratique.

Je ne haſarderai pas de décider ſi ces pratiques ſont toujours les meilleures poſſibles & les plus convenables ; je me contenterai ſeulement de faire une tentative pour tracer à mon Lecteur un chemin plus court & plus avantageux pour obtenir le cuivre de ſes mines. C'eſt de quoi je me crois quelque peu capable, m'étant conſacré dès ma plus tendre jeuneſſe à l'art des mines. Peut-être s'appercevra-t-on que mon amour pour la vérité & mon goût pour la ſcience des mines ſont la cauſe de mon travail : d'ailleurs mon devoir, comme homme, doit me porter à faire tout ce qui dépend de moi pour l'avancement & l'amélioration de l'exploitation des mines.

Je ne ferai pas ſans ſujet de plus grandes explications, attendu que j'écris pour les commençants : je ne m'arrêterai pas non plus à des conſidérations phyſiques ; car la plupart des choſes dont il s'agit ici, ſont plus fondées ſur la pratique & l'expérience que ſur le raiſonnement. Cependant je m'appliquerai, autant qu'il dépendra de moi, à montrer pourquoi cette choſe

est ainsi & non autrement , & le défa-
vantage ou l'avantage qu'on aurait d'agir
autrement. Je m'embarquerai encore
moins dans ces idées chimériques , qui
proviennent plutôt de l'alchymie que
d'une véritable connaissance de la séparation des minéraux.

Plus on distingue une chose exactement , plus on a de facilité d'en
juger : & puisqu'il m'a plu de penser à
l'ordre naturel , je suivrai aussi mon
usage que j'ai appris des sages , & j'ex-
poserai ma façon de penser dans cette
Dissertation de la maniere suivante,

La premiere chose sur laquelle nous
devons diriger notre intention , est
ceci , que nous pouvons apprendre à
connaître exactement les especes de mines de cuivre , tant en ce qui concerne
leur extérieur que leur intérieur.

Les moyens que la nature nous a
donnés pour cela , sont nos sens & le
feu par où tous les corps minéraux peuvent être examinés , & être mis en état
de nous rendre sensibles leurs parties
constituantes. C'est pourquoi nous traiterons dans le premier Chapitre de la
connaissance des mines de cuivre ; pre-

miérement felon leur état extérieur,
enfuite par des effais au feu.

Nous appercevrons par le détail
des différentes efpeces de mines de
cuivre, que fouvent elles font mêlées
avec des matieres minérales & non
métalliques, ou qui ne contiennent
point en elles-mêmes de parties de cuivre ; & cela nous donnera occafion d'e-
xaminer dans le Chapitre fuivant différents moyens de féparer les mines de
tout ce qui leur eft étranger, avant que
de les foumettre à la fonte. La réflexion
& l'expérience nous montreront alors
que nous n'avons que trois voies pour
y parvenir : favoir, la féparation à la
main, la féparation par le pilage & le
lavage, & la féparation au moyen du
criblage ; lefquels travaux nous préfen-
terons en trois Sections.

Ceci une fois mis en avant, nous
nous occuperons de notre principal objet, & nous marcherons à la féparation du cuivre d'avec les matieres avec
lefquelles il eft uni, à quoi nous em-
ployerons le feu comme le principal
inftrument propre à dégager le cuivre,
& le faire paraître fous fa forme véri-

table. Ainſi nous traiterons dans le Chapitre troiſieme de la fonte des mines de
cuivre, d'une maniere auſſi avantageuſe
qu'il nous ſera poſſible. Mais , comme
nous devons diriger par-là nos conſidérations ſur trois eſpeces de travaux ,
ſavoir , 1°. à chercher à diſpoſer les
mines par la fonte , 2°. à traiter les
mattes convenablement , & 3°. à obtenir le cuivre de tous corps étrangers ,
& le faire paraître ſous ſa véritable forme , nous diviſerons ce Chapitre en autant de Sections , où nous expoſerons
chacun de ces travaux en particulier.

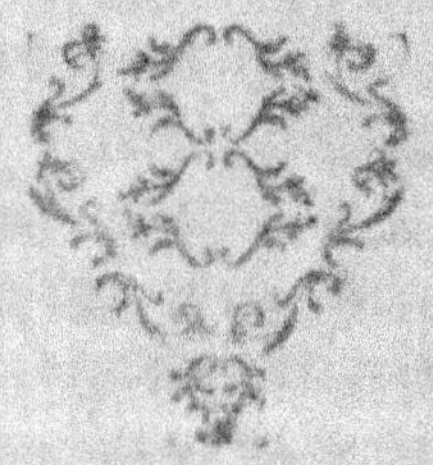

CHAPITRE PREMIER.

De la Connaissance des Mines.

SECTION PREMIERE.

*De la Connaissance des Mines par l'ap-
parence extérieure.*

LA PLUPART des especes de mines de cuivre ont été déja examinées par le moyen du feu ; ainsi j'espere qu'on me pardonnera si je ne m'occupe pas d'abord de la partie docimastique, attendu d'ailleurs que cela ne
pourrait se comprendre aisément, si
on ne fait pas précéder d'abord une exposition des mines de cuivre : ainsi nous
traiterons premiérement des marques
& de l'apparence extérieure des mines.

Cependant, s'il m'est permis,
je m'appuyerai dans ce détail de l'art
des essais, & par-là je retirerai un
avantage, en abrégeant & divisant les

mines de cuivre en deux claſſes. Je diſ-
tinguerai , à l'imitation de quelques-
uns , les mines de la maniere ſuivante.

Des Mines de Cuivre qui ne ſont unies qu'avec peu de ſoufre & d'arſenic.

Il paraît , à la vérité , difficile
de décrire les choſes de maniere à les
rendre ſenſibles & palpables , en
ſorte que chacun puiſſe les connaître : on eſt beaucoup plus heureux
quand on peut conſidérer les objets
ſoi-même. Cependant nous trouve-
rons aſſez de marques ici par leſquelles les choſes puiſſent être diſtinguées
les unes des autres. Nous eſſayerons
ainſi ſans plus de détour à faire connaître , autant qu'il nous ſera poſſible ,
les mines de cuivre d'une maniere ſenſible & palpable.

Entre toutes les mines de cuivre
la mine vitreuſe mérite de tenir le premier rang : elle a tantôt une couleur
rouge & tantôt une noirâtre. Elle eſt
en général peſante , maſſive , d'un tiſſu
très ſerré , & ſe laiſſe couper avec le
couteau. Elle eſt très riche : un quintal

de cette mine tient souvent 60 à 70 livres de cuivre ; c'est pourquoi on lui
remarque souvent du cuivre vierge. La
qualité qui est noirâtre a cela de particulier, qu'elle se montre semblable à
de la matte de cuivre. Cependant on
doit faire une exception pour celle qui
se trouve à Lauterberg dans le Haut-
Hartz : car celle-ci ressemble mieux à
une scorie noirâtre ; elle est d'ailleurs
fort brillante. Dans les mines de Saalfeld on rencontre une matte de cuivre
verte pâle, qui est semblable à une
scorie claire, & possede une surface
très brillante. On n'a qu'à la rompre
en deux, si on veut, pour voir qu'elle
peut se ranger parmi les mines de cuivre vitreuses, quoiqu'elle ne se laisse
pas couper. On trouve encore en ce
même lieu une autre espece de mine
de cuivre, que l'on y nomme mine en
scorie, qui a la couleur d'un verd
noir : elle est un peu vitreuse & semblable à une scorie, & a beaucoup de ressemblance à cause de cela
à la précédente. On y a encore une autre espece de mine de cuivre, nommée verd de cuivre léger, qui est ef-

fectivement verte , & a une surface
unie , mais qui a plutôt l'apparence
calcaire. Le produit de ces mines en
cuivre est de trente à quarante livres
de cuivre au quintal ; cependant la derniere en tient un peu moins. Dans la
suite j'indiquerai d'autres especes de
mines de cuivre que l'on nomme communément mines de cuivre vitreuses.

L'azur de cuivre , qui n'est point
aussi dur , est pourvu d'une texture
striée , ou rayons qui se divergent du
centre à la circonférence. Cette mine
est très riche en cuivre , & son produit
va souvent de trente à quarante livres
de cuivre au quintal : elle est en partie
d'un verd brillant & d'un bleu de ciel.
Communément dans les mines de Saalfeld on la nomme massive , verdâtre
& bleuâtre. La plupart des mines de
cuivre azurées ne sont nommées le plus
souvent que verd de cuivre.

La mine commune de cuivre azurée , ou verte , qu'on nomme aussi
verd ou bleu de montagne , est un peu
moins compacte que les précédentes ,
quoiqu'elle possede une belle couleur ;
son tissu est le plus communément gra-

nuleux. Elle n'est point aussi riche que
les précédentes, & ne tient le plus souvent que vingt & rarement trente livres de cuivre au quintal. On trouve
à Saalfeld une qualité de cette espece
de mine qui est entiérement poreuse.

Une autre espece de mine de cuivre est celle qu'on nomme en allemand *Leberschlag*, mine de cuivre couleur de foye. Elle a une couleur brune,
& ressemble assez à de la mine de fer;
il est souvent fort difficile de l'en distinguer. Son contenu va à peu-près sur
dix livres & davantage. La mine de
cuivre terreuse & farineuse, que les
Allemands nomment *Kupfermulm*, ne
differe de celle-ci qu'en ce qu'elle paraît plus grasse & plus brune, & en
ce qu'elle est aussi plus compacte que
de la terre.

On trouve dans les mines de Frankenberg en Hesse une espece de mine de cuivre particuliere. Quelques parties ont la figure de noisette, de lentille
ou de pois, & se montrent tantôt vertes & tantôt bleues, & tiennent depuis quinze jusqu'à vingt livres de cuivre au quintal. On en voit d'autres qui

font noirâtres , & qui ont la forme de petites branches, ou qui reſſemblent à des fragments de branches pétrifiées , on les y nomme *Holzgraupen* (cryſtaux de bois). Souvent on y trouve du plus bel argent vierge. La mine qu'on y nomme granulée , ſe diſtingue aiſément de celle-ci , quoiqu'elle ait auſſi une couleur noirâtre. Elle ſe diſtingue auſſi de la mine nommée *Kohlgraupen* (cryſtaux charbonneux) , qui nagent ſur l'eau , ſont entiérement noirs & parfaitement ſemblables à un charbon. Le contenu de cette mine eſt de douze livres de cuivre & de quelques lots d'argent. On remarque auſſi dans cet endroit des taches noirâtres longues , qui ſe trouvent ſur la ſurface de différentes pierres bleuâtres qu'on y nomme *flugenfüttige* , impreſſion étoilée.

Outre les mines dont on vient de parler , on trouve différentes ſortes de chytes cuivreux ou contenant du cuivre. Ils ont tantôt une couleur jaunâtre , tantôt une verdâtre , mais plus ſouvent ils ont une couleur noire , & ſont quelquefois mêlés de bleu &

de verd, en quoi confiſtent principalement leurs parties de mine ; c'eſt ce
qu'on apperçoit lorſqu'on les diviſe.
Ces chytes cuivreux tiennent deux,
trois, juſqu'à quatre livres de cuivre
au quintal.

Des Mines de Cuivre qui ſont unies avec beaucoup de ſoufre & d'arſenic.

Maintenant nous nous appliquerons à faire connaître les eſpeces de
mines, & à les décrire exactement.
Celle de ces mines que l'on rencontre,
au moins dans notre pays, le plus rarement, mais qui poſſede une couleur
fort agréable, eſt celle que nous avons
déja décrite ci-devant ſuccinctement.
Cette mine a tantôt une couleur ſom-
bre, brune, & tantôt elle eſt d'un violet
bleuâtre clair ; quelquefois elle eſt mêlée de parties de rouge pourpre. Elle
eſt très peſante, & fort riche en cuivre, car elle donne ſouvent cinquante
juſqu'à ſoixante & dix livres de cuivre
au quintal. Il s'en rencontre à Lauterberg dans le Hartz, & à Saalfeld. On
trouve auſſi une mine de cette eſpece

dans les mines chyteufes de Godels-
heimer & de Sangerhaufer dans l'Elec-
torat de Saxe. On range dans ces lieux
fous cette même efpece de mine la mine qu'ils nomment *fand-erz*, qui fe
trouve parmi les chytes cuivreux.

L'efpece de mine dont nous venons de parler, eft très rare en com-
paraifon de celle qu'on connaît fous le
nom de mine de cuivre jaune, ou pyrite de cuivre. Elle eft fort pefante, à
caufe de l'abondante quantité de foufre & de l'arfenic qu'elle contient (*).
Cette mine poffede une couleur de cuivre jaune, qui eft tantôt plus tantôt
moins foncée. La texture de cette mine
eft communément granuleufe ou cubique. On trouve une mine qu'on range
fous cette efpece, qui eft très femblable à la marcaffite, & que pour cela on
nomme *Kupferglanz* (galene de cuivre).

(*) M. Cancrinus fe trompe ici très fort,
car la mine de cuivre jaune eft d'autant plus
légere qu'elle contient plus de foufre. Il fe
trompe encore en ce que cette mine ne contient jamais d'arfenic.

Quand ces cryftaux cubiques font
fort grands, cette mine varie beaucoup
dans fon contenu en cuivre ; elle tient
depuis vingt jufqu'à trente livres de
cuivre au quintal. Sous cette efpece de
mine on peut ranger quelques pyrites
ferrugineufes cuivreufes, qui font d'un
jaune pâle, ou plus vertes que ne le
font communément les pyrites ordinaires, qui n'ont point une grande
quantité de cuivre, mais beaucoup
plus de fer (*).

Les autres efpeces de mines de cuivre font celles qu'on nomme *veis-
erʒ*, mine de cuivre blanche, *fahl-
erʒ*, mine d'argent blanche, qui font
très femblables entre elles, tant en ce
qui concerne la couleur, qu'en ce qui
concerne leur contenu d'arfenic (**). La
premiere eft plus blanche, un peu brillante, elle confifte en tiffu grenu ; mais
elle ne fe trouve que rarement en gros

(*) Les pyrites, à proprement parler, n'ont
jamais le moindre atome de cuivre.

(**) Ces mines ne font en effet que la même, & n'en different que par le plus ou moins
de parties conftituantes.

morceaux, & communément elle se trouve mélangée avec d'autres especes de mine d'argent ou de plomb. Ces mines sont rangées plus souvent à cause de leur contenu d'argent, qui est de plus grande valeur que le contenu de cuivre, parmi les mines d'argent que parmi les mines de cuivre; car souvent elles ne tiennent pas au-delà de 15 liv. de cuivre au quintal. Celles que les Allemands nomment *fahlfererz* & *fahlskupfererz* ne se distinguent de celle-ci qu'en ce qu'elles ont une couleur plus plombée, principalement la premiere, quoiqu'elles ayent un égal brillant.

Nous n'oublierons pas de parler des chytes cuivreux. Leur texture consiste toujours en feuillets ou lames appliquées les unes sur les autres. Ils tiennent depuis une jusqu'à quatre livres de cuivre au quintal. Ils sont tantôt noirs, & tantôt d'un gris noirâtre, ou le plus souvent ils sont gris. Les premiers ont une texture fort fine, mais les autres l'ont communément grossiere, & les troisiemes l'ont encore plus grossiere. Dans ceux qui sont noirs, on y voit mêlées souvent des

des parties jaunes de mine de cuivre.
Dans les seconds on n'apperçoit que
de ces parties que les Allemands nomment *speise* ; & dans les troisiemes on
y trouve en même temps des taches
bleues & vertes. On reconnaît que les
premiers contiennent du cuivre lorsqu'on voit qu'ils n'ont aucunes parties
ferrugineuses, & qu'ils ont un grain fin
dans la fracture, ou qu'ils ont une couleur bleue de cuivre sensible. La derniere espece, savoir les chytes verdâtres, sont particuliérement réfractaires
à la fonte, & ont peu de soufre. Communément ces chytes ne se trouvent
pas abondamment dans les mines, mais
seulement aux environs. Parmi les chytes qui se trouvent dans les environs
de ces mines, sont ceux que nous avons
nommés sableux. Je ne m'arrêterai plus
ici qu'à faire observer que les chytes cuivreux ont souvent un tissu gra-
nulé, & qu'ils sont souvent mêlés avec
du verd de cuivre & du bleu.

Remarque. On a coutume de nommer plus
souvent mine les minéraux qui sont l'union
naturelle du soufre & de l'arsenic avec les mé-

taux ou demi-métaux ; & quand on a fait par l'art une pareille composition, on dit que les demi-métaux ont été minéralisés, ou l'on nomme ce travail lui-même la minéralisation. Les pierres & les terres au contraire qui ne tiennent que quelques parties métalliques, mais qui n'y sont pas minéralisées de la maniere dont nous venons de parler, & unies avec le soufre & l'arsenic, sont désignées par terres ou pierres métalliques. C'est ainsi qu'on peut regarder la mine dont nous avons fait mention sous le nom de *Mudn*, c'est-à-dire, plutôt comme une terre métallique que comme une mine métallique (*), & les mines chyteuses comme des pierres métalliques.

Avant que j'acheve ce Chapitre, je dois faire remarquer, selon la promesse que j'ai faite, que toutes les especes de mines qui ont été décrites ne consistent pas souvent en mine pure & massive, mais en terre & pierre non métalliques, avec lesquelles elles sont mêlées. Il y en a quelques-unes dont on peut séparer des petits morceaux au moyen d'un marteau ; & d'au-

---

(*) C'est une preuve qu'il faut nécessairement distinguer les mines en mines métalliques & en mines terreuses ou en chaux, comme nous l'avons fait ailleurs.

tres où il n'y a que des parties de mines parsemées, lesquelles ne peuvent en être séparées que par le moyen de l'eau. Ces dernieres sont incomparablement plus légeres que celles dans lesquelles il y a des parties de mines & de métal abondamment. Les parties de mines en peuvent être séparées, ou par une calcination préliminaire & par le lavage qu'on en fait ensuite, ou, sans cette préparation, par le moyen du bocardage & lavage. Les parties de mines qui ne peuvent pas être obtenues par aucun de ces moyens, sont très légeres : telles sont les parties de cuivre verd & de cuivre bleu disséminées dans la roche. Lorsqu'on les pile elles sont entraînées par l'eau : on doit regarder ces parties de mine comme inséparables.

SECTION II.

De la Connaissance qu'on acquiert des mines par le feu, & des essais des mines de cuivre.

De ce que nous venons de dire on en peut conclure que la nature ne

nous préfente les mines que rarement
fous leur forme naturelle & maſſive;
qu'elles font plus fouvent mêlées avec
des terres & des pierres : nous nous
appliquerons néanmoins aux moyens
de les en féparer ; c'eſt pourquoi il eſt
important que nous apprenions à les
connaître exactement par des eſſais en
petit, afin de ne pas employer des
moyens diſpendieux & pernicieux dans
la fonte en grand. Faiſons donc en forte
que nous puiſſions diſtinguer les mines
de cuivre felon leur apparence extérieure, & cherchons les moyens d'apprendre à connaître leurs parties conſtituantes. C'eſt une vérité reconnue, que
le feu, comme une matiere fluide très
violente, produit les plus grands changements dans la nature ; qu'il pénetre
les minéraux entiérement, les rend flui-
des & les fépare les uns des autres.
Mais comme le feu doit produire des
effets analogues aux circonſtances, nous
pouvons nous en fervir, tant pour apprendre à connaître les parties des métaux qui font mêlées dans les mines de
cuivre, que pour apprendre à connaître leur plus ou moins de fuſibilité, en
quoi conſiſte le plus grand avantage.

De l'Art des effais.

Les avantages que nous retirerons ainfi dans l'art des effais, feront de trois fortes : 1°. nous appercevrons fi les mines qu'on nous donne comme mines de cuivre contiennent réellement du cuivre ; 2°. combien ces mines tiennent de cuivre par quintal ; & 3°. quel eft leur degré de fufibilité.

Les mines pauvres font mêlées avec beaucoup de fubftances pierreufes, de forte qu'elles occafionnent dans la fonte en grand beaucoup de dépenfes, & qu'en outre elles y font très difficiles à traiter : ainfi il eft néceffaire que nous cherchions à féparer dans des effais en petit les parties qui font fi pernicieufes dans la fonte.

Le travail par lequel nous y efpérons parvenir, confifte 1°. à les pulvérifer. On prend une certaine quantité d'une telle mine, par exemple, une ou deux livres ; on la pile dans un mortier de fer jufqu'à ce qu'elle foit réduite en grains fins, ou (felon la maniere de s'exprimer des mineurs) en fable : & afin que les parties de mines

foient plus égales, il faut les paffer par
un crible. fin (*). On prend l'augette
à main, ou la fébile d'effai, on y met
la mine pilée, on verfe deffus de l'eau,
on fait *liquider*. On remue le tout
avec la main ; après avoir un peu fe-
coué l'inftrument, on fait couler l'eau
dehors. On y en remet d'autre, on remue encore jufqu'à ce que cette feconde eau foit devenue trouble ; on la
fait fortir pareillement ; on continue
ainfi jufqu'à ce que l'eau n'en forte plus
très trouble. On prend l'augette de la
main droite, & avec la main gauche
on l'embraffe par-deffous, on la remue circulairement. A peine cela eft-
il fait qu'on la frappe plufieurs fois
avec le plat de la main par-deffous.
Dans cette opération les parties de
mine ne fe font pas feulement affem-
blées & précipitées au fond, à caufe de
leur pefanteur, mais encore elles ont

(*) Il eft plus court & même plus avantageux de fe fervir pour cela de la platine d'effai, fur laquelle on écrafe la mine, & on la
réduit à tel degré de fineffe qu'on veut au
moyen d'un marteau.

été retenues en arriere par les coups. Lorsque cela est fait, on abaisse l'augette, tantôt à droite tantôt à gauche, afin que l'eau puisse mouiller de tous côtés & enlever les parties sableuses : mais aussi-tôt après, même pendant ce mouvement, on abaisse l'augette pour faire couler l'eau. Ces trois sortes de travaux tiennent un peu de temps, & jusqu'à ce que la plupart des parties de roche s'en soient en allées. Et quand sur la fin les parties de roche pesantes ne veulent pas s'en aller, on remue pendant qu'on abaisse l'augette, & on laisse écouler l'eau en même temps. Si, malgré cette précaution, elles ne veulent pas s'en aller, on les sépare avec les doigts, ou on les fait couler. Enfin on tient si long-temps à ce travail qu'on voit que la mine reste pure au fond, & que sans perte d'aucune partie de mines les parties terreuses soient entiérement parties ; alors on la fait sécher convenablement.

Remarques. Quand on veut avoir les parties grosses de mines seules, on embrasse l'augette comme précédemment avec la main gauche, & on la tire avec promptitude, en l'abais-

sant & lui faisant faire des soubresauts ; après
quoi on la frappe avec le plat de la main : par
ces mouvements , le plus fin de la mine se sépare du plus gros.

Afin que l'on puisse faire une comparaison
entre les minerais, pour savoir si l'un tient autant ou plus que l'autre de parties de mine ,
de sorte qu'on puisse les fondre avec avantage
en grand , on observe combien de quintaux
de minerai il faut pour faire tant de quintaux
de mine lavée. On pese en conséquence la
mine de lavage seche , & d'après son poids on
répart la quantité de mine sur les quantités
données de minerai, & on juge la quantité
de mine que donne un tel minerai ; ou bien ,
pour en faire la comparaison juste, on met à
la place de la premiere partie la mine de lavage, à la place de la seconde le minerai ou
mine de pilage, & en place de la troisieme
une unité ; & on trouve la quatrieme part par
ces proportions géométriques : par celle-là on
verra combien donnera de mine de lavage une
certaine quantité de minerai , ou combien de
quintaux il en faut pour donner une telle quantité de mine de lavage. Supposons pour exemple que le poids de la mine de lavage soit de
quatre lots , le poids du minerai ou mine de
pilage de deux livres ou soixante lots : il doit
résulter cette quantité de mine de lavage par
chaque deux livres ; car dans ce cas , pour
avoir quatre lots de mine de lavage , il faudra
employer soixante-quatre lots de mine de pilage ; ou bien pour en avoir un lot il en faudra employer la quatrieme part , qui est de

seize ; ainsi il faudra soixante quintaux de mine de pilage pour en avoir un de mine de lavage. Comme les proportions restent toujours
égales , chacun voit suffisamment que c'est la
même chose , soit que je prenne en compte
livres ou quintaux , si les proportions ne sont
déterminées que sous le même poids. Ainsi,
nous pouvons , sans commettre une faute ,
prendre les lots ou livres comme des quintaux,
& déterminer les proportions sous la même dénomination.

Du Grillage des mines.

Les mines qui sont unies à une trop
grande quantité de matieres volatiles,
tels que le soufre & l'arsenic , appor-
tent beaucoup de préjudice dans les
essais docimastiques; aussi bien, souvent,
que dans la fonte en grand elles sont
cause que les essais sont longs & difficiles. Mais comme le feu chasse ces
parties lorsqu'on les expose à une chaleur convenable à l'air libre , ce qu'on
nomme grillage , nous devons traiter
ainsi celles qui sont de cette qualité ,
avant que de les faire fondre : par où
on a encore un autre avantage , qui est
de rendre la mine plus poreuse , & de
délier ses parties , & par-là les mettre
plus en état de recevoir plus aisément
l'impression du feu.   N v

Malgré que le grillage des mines
soit nécessaire, ainsi que nous venons
de le voir, il y a néanmoins beaucoup
d'essais en grand qui montrent qu'on
obtient de certaines mines plus de métal, lorsqu'elles n'ont pas été grillées,
que lorsqu'elles l'ont été. Dans l'expérience en grand on trouve souvent le
contraire de ce que donnent lieu de croire les principes de chymie ; aussi ne pré-
tends-je pas les prendre en général dans
quelques mines qui sont unies fortement avec le soufre & l'arsenic. On apperçoit un manque dans la quantité de
métal qu'elles doivent donner lorsqu'on les grille. D'autres especes de
mines ont le temps de perdre une
grande partie de leur matiere inflammable par le haut fourneau par où l'on
a l'avantage suffisant de les griller un
peu avant de les y soumettre. D'après
ce que je viens de rapporter & d'après
ce que l'expérience m'a mis à même
d'observer, je ne manquerai pas de faire
observer les cas où il est avantageux de
griller, & ceux où cela n'est point nécessaire, tant dans les essais en petit
que dans les travaux en grand. Ici il ne

va être question que des essais de mines qui sont composées avec beaucoup
de soufre & d'arsenic. La méthode
qu'on suit en pareille circonstance va
être exposée de la maniere suivante.

On prend un têt à rôtir, on l'enduit
intérieurement avec de la craie ou du
bol, afin que la mine ne s'y attache
point. On y met de la mine de lavage ou de la mine massive un quintal d'essai, qui communément est un
quart de lot. On place ensuite ce têt
sous la moufle dans le fourneau d'essai ; cependant observant de ne pas
l'y enfoncer trop d'abord, afin que le
vaisseau, surpris par le feu, ne s'é-
carte pas, & afin aussi que la mine ne
devienne trop chaude tout de suite,
& que par là elle acquiert une croûte,
qui seroit un obstacle à la dissipation
des vapeurs. Dès que la mine est rouge
& pénétrée partout de feu, on la remue avec le crochet, & on la laisse ensuite un instant sans y toucher : cependant de crainte que la mine ne se fon-
de & qu'elle ne s'attache au vaisseau, on le retire hors du fourneau ,
que l'on laisse un peu refroidir, afin

que les vapeurs puissent s'en aller plus
aisément ; après quoi on remet le vaisseau dans la moufle , on l'enfonce &
on le retire plusieurs fois , en remuant
continuellement , jusqu'à ce que toutes
les vapeurs soient parties , & que la
mine ne fume plus.

Remarques. Si la mine est mêlée avec du
spath , qui est sujet à décrépiter au feu, on
fera fort bien de couvrir le vaisseau au commencement du grillage avec un autre têt ,
afin que la mine ne saute pas dehors. On rencontre quelques espèces de mines de cuivre
qui doivent-être grillées fortement; c'est pourquoi on fait très bien lorsqu'on augmente le
feu à mesure qu'elles se grillent , & quand on
les y maintient pendant vingt-trois heures &
quelquefois plus s'il est nécessaire. C'est dans
cette vue , savoir pour chasser l'arsenic entiérement, qu'après les avoir grillées pendant une
heure , on les réduit de nouveau en poudre, &
qu'après cela on les grille de nouveau ; travail
qu'on répete pendant quelques fois. On peut
aussi retirer un avantage , si on met la mine
pour la derniere fois pulvérisée dans un têt
bien enduit comme il a été dit , de l'épaisseur
du dos d'un couteau étendue également, qu'on
la laisse griller au point de se prendre ensemble , & qu'aussitôt on la retire , qu'on la pulvérise de nouveau, qu'on la remette ensuite
dans le têt , & qu'alors on la grille fortement

pendant quelques heures, ce que l'on répete
même quelquefois. Telle est la méthode que
j'ai été obligé d'employer à l'égard de quelques mines jaunes de cuivre, pour en obtenir
le cuivre.

Qu'on n'ait pas employé dans le grillage des
mines d'autres instruments que les communs,
qui ont été décrits dans tous les livres de docimastique, c'est ce dont je m'épargnerai la peine de parler.

De la fonte pour les essais de mines.

Il est nécessaire que nous prenions
quelque idée de la fusion même avant
d'en venir à son exécution, afin de comprendre plus aisément ce qui sera dit
par la suite.

On remarque dans certaines mines
de cuivre, ainsi que parmi tous les minéraux, un certain degré de fusibilité,
qui ne se remarque pas dans d'autres.
Quelques-unes se fondent à un feu
modéré, donnent des scories très minces & très unies qui ne se laissent pas
tirer, mais donnent un verre & se roi-
dissent lorsqu'on veut les emporter
hors du feu. Ces mines sont nommées
par les Allemands, à cause de leur grand
degré de fusibilité, *Hizzigeerz*, mines
chaudes: d'autres fluent à la vérité à

un feu modéré, donnent des scories
fusibles ; mais elles ne se rassemblent
pas, se laissent aisément enlever & séparer en minces écailles, & n'adherent
que peu ensemble ; ces mines sont
nommées par les Allemands *Weich-
leicht flüssige-erz*, mines lâches à la
fonte. D'autres au contraire exigent un
grand degré de chaleur & long-temps
continué. Leurs scories sont peu fusibles, s'attachent fortement ensemble,
& se laissent tirer en fil long; ces mines
sont nommées par les Allemands *Hart-
flüssige-erz*, mines de difficile fusion.
Les scories des premieres mines sont,
lorsqu'elles sont froides, communément noirâtres ; celles des secondes
mines sont d'un jaune brunâtre, &
celles des troisiemes sont verdâtres ou
bleuâtres.

Remarques. Je juge ici de la fusibilité des
mines, d'après la fonte en petit & en grand.
Je sais bien que quelques-uns à la vérité éta-
blissent encore une différence entre les mines
infusibles, fondés sur ce que quelques-unes ne
peuvent pas se fondre sans fondant ou des additions qui aident à les fondre ; mais comme
toutes les mines exigent une addition, particuliérement celles qui sont réfractaires, il me

semble que cette distinction est superflue pour
notre but.

Ayant exposé ce qui regarde le grillage des mines ainsi que leur différent
degré de fusibilité, je vais maintenant
m'occuper de leurs essais mêmes. Premiérement, faire observer quelles sont
les especes de mines qui n'exigent aucun grillage, & qui sont en même temps
très fusibles. Ces mines sont particuliérement les mines de cuivre vitreuses,
les mines de cuivre azurées, & les mines de cuivre couleur de foie, ou ce
que les Allemands nomment *Leber-
fech* & *Kupfermulm*.

Les objets dont on doit s'occuper
pour un essai sont les suivants. 1°. On
pese un quintal d'essai de mine massive,
ou de mine de lavage, on le mêle avec
deux ou trois parties de flux noir, ou
bien avec $1\frac{1}{2}$ de tartre & un lot de
salpêtre(*); on met ce mélange dans un
creuset d'essai nommé *tute*, on le couvre avec un demi-pouce de sel marin,
observant que le creuset ne soit rempli

(*) C'est à tort que M. Cancrinus conseille
cette derniere méthode; car le salpêtre en dé-
tonnant avec la mine, en fait sauter.

qu'à moitié, afin que le mélange, venant en effervefcence, ne fe répande pas hors; on couvre enfuite le creufet. On place cette tute devant le foufflet, dont la tuyere doit répondre à peu près à fon ventre; on couvre ce creufet de charbon à hauteur de la main; par deffus ce charbon on met des charbons ardents, & on laiffe le feu s'allumer de lui-même. Quand on apperçoit que la plus grande effervefcence eft paffée & que le fel marin ne décrépite plus, on commence de faire jouer le foufflet, mais lentement, enfuite quelque peu plus fort; on maintient le feu ainfi pendant un quart d'heure, ou jufqu'à ce qu'on n'entende plus aucun gonflement dans le creufet, que la flamme paraiffe plus claire, & qu'elle ait acquis fa couleur bleue naturelle & qu'on n'y apperçoive plus les marques jaunes. Pendant ce temps-là on remue le charbon devant la tuyere autant de fois qu'il eft néceffaire pour le raffembler afin que le vent ne frappe pas directement le creufet, & que par là la matiere fondue ne foit pas difpofée à fortir hors du creufet. Après quoi on prend le creufet, on le pofe fur le pavé; on

frappe avec un marteau quelques coups
tout près du creuset, mais pas fortement, afin de faire raffembler les parties de cuivre & de faire précipiter le
régule au fond ; après quoi on laiffe refroidir le creuset. Lorfqu'il eft froid,
on le romp en deux ; on prend le régule, qu'on pefe à la balance d'effai.
On nomme ce régule cuivre noir, parcequ'ordinairement il eft noirâtre &
fort impur encore.

Remarques. Lorfque la fcorie paroît d'un
brun fombre, jaunâtre & brillante, dure &
compacte, & que le régule eft bien raffemblé, c'eft une preuve que l'effai n'a point été
tenu trop long-temps au feu, & que la mine
n'eft point réfractaire. La fcorie eft-elle au
contraire rougeâtre à l'endroit où le régule
étoit pofé, c'eft une preuve que l'effai a été
trop long-temps au feu, & qu'une portion du
cuivre s'eft fcorifiée. Enfin quand le fel adhere
fortement à la fcorie, & que la fcorie elle-
même n'eft pas féparée exactement, ou qu'elle
n'eft pas brillante ni vitreufe, mais fombre
& granuleufe, ou qu'il s'y rencontre quelques
grains de cuivre, c'eft une preuve que l'effai
a été retiré trop tôt du feu, ou que la mine
eft très réfractaire.

On fe fert auffi en place de foufflet d'un
fourneau à vent : cependant je regarde l'ufage
du foufflet comme bien plus commode, puifqu'on exécute cette opération plus promptement & qu'on brûle moins de charbon.

On peut essayer de la maniere dont il vient d'être expliqué, les scories qui contiennent du cuivre ainsi que les mines de plomb & la litharge.

Il arrive fréquemment qu'on met avec les mines pour les essayer, toutes sortes de flux artificiels : mais l'expérience m'ayant convaincu que la quantité de flux que j'ai indiquée est suffisante pour cela, je les passerai sous silence, je ferai seulement souvenir que c'est cette proportion de flux qu'il faut entendre dans les autres essais qui seront indiqués dans la suite.

Après avoir montré comment on obtient le cuivre noir des mines en petit, je vais montrer comment on réduit ce cuivre noir en cuivre pur, & déterminer combien il en existe dans un quintal. On parvient à réduire quelque cuivre noir en cuivre pur, sans beaucoup de peine, & d'autres exigent quelques moyens. Le premier cas a lieu lorsque le bouton de cuivre noir est mêlé avec une matiere qui se scorifie aisément ; l'autre, au contraire, a lieu lorsqu'il éprouve une grande difficulté à se débarrasser de ses parties étrangeres, & qu'il paroît plus rouge.

Dans le premier cas on prend un têt, on lui fait une breche assez grande pour être à même de voir aisément le bouton dans le fourneau d'essai. On frotte la place où il y doit être posé avec de la litharge rouge (*) : on place alors le têt sous la moufle ; mais on ne l'y enfonce que peu à peu , de crainte qu'il ne vînt à se briser ; on augmente ensuite le feu , au point que le fourneau en soit entiérement pénétré : lorsque le têt est également rouge , on y porte le bouton de cuivre. Cela étant fait, on met des charbons ardents à l'embouchure du fourneau , devant la moufle , & on laisse le bouton se coupeller ; cependant on aide souvent à l'opération en retirant avec le crochet une peau qui se forme à la surface du cuivre. Lorsque le cuivre commence à diminuer , & qu'il acquiert les couleurs de l'arc-en-ciel, c'est une marque qu'il est sur le point de devenir blanc , & qu'ensuite il se roidira ; c'est pourquoi on doit être prêt à l'ôter du feu , de crainte qu'une partie de cuivre ne se scorifie : pour cela il faut être attentif à ob-

____

(*) M. Cancrinus a grande raison de spécifier ici la litharge rouge ; car on sent que si on se servait de la blanche , on apporterait des parties étrangeres au cuivre.

serrer l'éclair, car aussi-tôt qu'il est fait il faut l'enlever, & l'éteindre dans l'eau. On connaît que le cuivre est entiérement pur, quand il est d'une belle couleur de cire d'Espagne, & qu'il n'a aucune couleur blanche, qu'il est plus malléable qu'il n'était ci-devant.

On prend enfin le grain raffiné, on le compare au poids qu'il avait lorsqu'il n'avait que la qualité de cuivre noir, ce que l'on fait de la maniere suivante: on le divise en autant de parts que le cuivre noir pesait de fois dix livres, & on met une livre à chacune des dix livres, ce qui fait le contenu d'un quintal de la mine qu'on a employée; mais pour trouver le déchet qui aurait pu se faire du cuivre même, on retient sur le poids trouvé autant de livres de cuivre qu'il en aura été consommé, c'est-à-dire qu'on divise le poids donné du cuivre par dix livres, comme ci-devant, & qu'on retient autant de livres qu'il y a de fois dix livres pour ce qui a été consommé.

Remarque. Il y a des cas où l'on pourrait coupeller également bien le bouton de cuivre noir sur une coupelle, en observant de gouverner le feu comme il a été dit. Mais comme dans cette circonstance il y a plus de déchet de cuivre, puisque la coupelle en absorbe davantage, on doit faire cette déduction sur cinq, six livres de cuivre noir, c'est-à-dire, qu'on doit défalquer une livre sur cinq ou six livres.

Quand au contraire le cuivre noir ne se coupelle pas aisément, on pese une jusqu'à deux fois autant de plomb pur qu'on met avec le cuivre noir; d'autre part on pese la même quantité de plomb, & on y ajoute du cuivre, dans telle proportion, qu'il se trouve une livre de cuivre par chaque quatre livres de plomb; on place ces deux essais chacun sur une coupelle particuliere d'égale grandeur sous la moufle du fourneau; on coupelle comme il a été dit ci-devant, cependant observant que l'un aille précisément comme l'autre. L'opération étant finie, on les retire. On examine le poids de l'essai du cuivre, pour savoir combien le plomb qui a été mis avec lui en a scorifié. Ce qui en aura été scorifié sera le produit des mines en cuivre pur, dont on trouvera la preuve en comparant cette quantité avec le bouton du cuivre provenant de la mine après cette coupellation.

Mais comme les impuretés du cuivre
provenant de la mine auront détruit
une partie du cuivre même, on ajoute
au cuivre pur, provenant du cuivre
noir, une livre sur chaque cinq livres,
proportion qui aura été consommée
dans l'opération.

Remarques. Lorsque les mines ne sont pas
riches, on ajoute deux quintaux en sus avec
une fois autant de flux noir qu'il a été dit ci-
devant, & ensuite on partage le produit, afin
qu'on puisse savoir celui d'un quintal.

Les essais pour le raffinage du cuivre sont
toujours difficiles; rarement trouve-t-on dans
les livres de docimastique un bon conseil
sur cet objet. Quant à ceux que j'ai donnés
ici, je suis bien persuadé que ce sont les meilleurs que l'on puisse donner présentement.

Quand les mines sont pauvres en cuivre,
mais que néanmoins, à cause de leur arsenic ou
autre matiere étrangere, elles donnent un bouton considérable de cuivre noir, il ne reste
communément point de cuivre ni sur ce têt
ni sur la coupelle, il se consomme en entier.
Dans ce cas on fait très bien d'ajouter au bouton une livre de cuivre sur environ six livres
en même temps que le plomb; pour le reste il
faut agir comme il a été dit précédemment,
&, sur la fin, soustraire du produit la quantité
de cuivre qu'on y a ajoutée.

Les mines de cuivre chyteuses sont
celles dont les essais sont les plus diffi-

ciles, & les plus incertains, & rarement
en obtient-on un bouton de cuivre noir,
si on n'observe que la maniere ordinaire
d'essayer, tant parceque la partie de cuivre s'y trouve en trop petite quantité,
& qu'elle y est trop dispersée, que parceque la plupart de ces chytes sont très
réfractaires à la fonte, & que leurs scories sont si tenaces que les parties de cuivre ne peuvent s'en dégager & s'en précipiter pour former un régule au fond
du creuset, quelque espece de fondant
qu'on employe pour cela. Jusqu'ici je
n'ai trouvé d'autre moyen pour obtenir
le contenu de cuivre de ces chytes, que
de leur ajouter une certaine quantité
d'antimoine. Comment je suis parvenu
à trouver ce moyen, c'est ce que je vais
exposer.

On pese un quintal de mine de cuivre chyteuse réduite en poudre, on en
fait un mélange avec du flux à la dose
prescrite précédemment, & vingt livres
d'essai d'antimoine cru. On met ce mélange dans un creuset, & on l'y couvre avec du sel marin convenablement.
On pese un autre quintal d'un minéral réfractaire, tel par exemple que du
quartz, ou bien de l'argille, mais privé

entiérement de parties métalliques.
On agit , ainsi qu'il a été dit précédemment , avec cette différence seulement , qu'on y ajoute deux livres de
cuivre pur , afin d'apprendre exactement combien l'antimoine consom-
mera de cuivre dans l'essai. On pose ces
deux essais en même temps devant le
soufflet , & on les y tient aussi long-
temps l'un comme l'autre , afin qu'ils
éprouvent le même degré de feu. Cela
étant fait , on coupelle l'un comme l'autre dans des têrs ou coupelles particulieres , ayant soin de souffler dans la
moufle avec un soufflet de main , pour
faire dissiper l'antimoine. Cela étant
fait , on suppute le cuivre qui a été consommé pendant l'opération , on le com-
pare avec le bouton provenu des chytes,
par-là on trouvera le contenu de cuivre
des chytes.

Remarques. Les scories qui proviennent des
chytes sont communément verdâtres.

Lorsque les chytes sont trop pauvres & qu'ils
ne contiennent seulement qu'une livre de cuivre
pur , & dont il ne reste aucun bouton , on fait
bien d'y ajonter une livre de cuivre , & d'en
défalquer ensuite le poids de cette addition.

Celui

Celui qui penserait que l'antimoine dans l'essai des mines de cuivre chyteuses ne pourrait consommer autant de cuivre que dans le coupellage pur, puisqu'il ne s'y trouve pas assez tôt de cuivre, tandis que, dans cette derniere circonstance, l'antimoine saisit à l'instant le cuivre, pourrait en premier lieu placer le cuivre pur sur la coupelle. On pourrait aussi ne mettre que vingt livres d'antimoine avec deux ou trois liv. de cuivre pur sur la coupelle. Mais je regarde la consommation qui se fait en cette occasion comme trop grande, comparée à celle qui se fait dans l'essai du cuivre des chytes, puisque l'antimoine agit ici immédiatement sur le cuivre, & qu'il peut l'avoir scorifié long-temps avant. On appercevra dans cet essai, qu'une livre à-peu-près de cuivre pur est consommée par 5 liv. d'antimoine. Je crois donc pouvoir regarder comme juste de compter sur 5 livres de cuivre noir une livre de cuivre pur consommée. Ainsi je tiens cet essai préférable à tout autre de cette espece: car d'ailleurs, que l'essai ait été tenu long-temps au feu ou non, que le feu ait été plus ou moins fort, les différences qu'on a sont de très peu de chose.

On peut aussi employer dans cet essai deux quintaux de chyte; on doit seulement observer de doubler toutes les additions.

J'ai quelquefois obtenu des chytes un bouton de cuivre, mais jamais la véritable quantité entièrement, quand j'ai employé quatre lots de chyte pilé, huit lots de tartre & quatre lots de salpêtre, le tout traité convenablement. Le cuivre noir qui provient de cet essai, n'est pas difficile à se purifier, car on n'a qu'à le traiter ainsi que je l'ai dit ci-devant, c'est-à-dire, au moyen du plomb. Pour rendre la scorie plus fluide, afin que le cuivre noir n'y reste pas dispersé en petits grains, on peut ajouter à l'essai un ou deux lots de borax.

M'étant appliqué à montrer comment on parvient à reconnaître le contenu des mines de cuivre qui ne sont point unies sensiblement avec du soufre & de l'arsenic, je vais maintenant m'occuper à montrer comment on doit essayer les mines qui sont unies à une grande quantité de ces matieres.

Les mines de cuivre jaunes, les mines de cuivre grises, ou mines d'argent grises, exigent préalablement, pour être essayées avec avantage, d'être grillées; sans cela les essais qu'on en fait sont inexacts.

On prend en conséquence un quintal de ces mines massives, ou de celle qui provient du pilage ou lavage, qu'on met dans un têt à rôtir, que l'on traite comme nous avons dit ci-devant. On le fond ensuite en cuivre noir, & on le raffine, ainsi qu'il a été dit.

Remarques. On peut essayer aussi toutes les especes de matte qu'on obtient dans le travail

en grand de la maniere indiquée précédemment.

J'ai déja dit dans une des Remarques, qu'il
y a une espece de mine de cuivre jaune qu'il
est très difficile d'essayer. J'en ai souvent trouvé, qui, malgré les précautions que j'avais
prises pour les bien griller, ne m'ont donné
aucun régule, ce que j'ai attribué à leur union
trop intime avec l'arsenic (*). Je n'ai jamais
pu remédier à cet inconvénient, autrement
qu'en y ajoutant quatorze ou vingt livres de
limaille de fer. C'est ce qu'on pourra faire toutes les fois qu'on sera dans le cas d'essayer des
mines de cuivre arsenicales.

Les mines de cuivre chyteuses contiennent,
à la vérité, aussi une partie de soufre & une
autre d'arsenic; mais les parties n'y sont pas
unies si intimement que dans d'autres especes
de mines. Mais ces mines ayant leurs parties
métalliques disséminées ou dispersées dans une
terre argilleuse, ne donnent pas aisément un
régule; on a de plus l'inconvénient à vaincre
d'une terre argilleuse qui est réfractaire. Néanmoins on en obtient un régule, lorsqu'elles
ont été grillées. Il y en a cependant où il

____

(*) M. Cancrinus se trompe ici en deux
objets: 1°. en ce qu'il n'y a pas de mine de
cuivre qui ne donne, après avoir été grillée
suffisamment, un régule: 2°. en ce qu'il est
faux qu'il y ait de l'arsenic dans les mines de
cuivre jaune. Dès qu'il existe le moindre atome d'arsenic dans les mines de cuivre, elles
ne sont point jaunes, mais bien grises, & alors
elles contiennent toujours de l'argent.

est fort indifférent qu'elles soient grillées ou
non (*).

Parmi les mines de cuivre que nous
avons décrites, y en ayant qui contiennent de l'argent, nous allons nous
occuper des moyens d'essayer les mines pour cet objet, afin de pouvoir
diriger les travaux en grand pour en
retirer l'argent. Pour cela on prend un
quintal de mine réduite en poudre
fine ; on y mêle plus ou moins de plomb
grenaillé, selon que la mine est plus
ou moins réfractaire, comme deux,
trois, quatre lots, jusqu'à seize même. On met ce mêlange dans un têt
d'essai, que l'on couvre par un autre
têt, dans le cas où la mine soit mêlée
avec du spath qui la fait sauter en dé-
crépitant. On met la même quantité
du plomb qu'on a employé en particulier sur un autre têt, afin d'apprendre
par-là combien d'argent il y a dans le
plomb. On place ces deux têts dans le
fourneau d'essai, mais d'abord à son
embouchure, afin de les faire chauffer
doucement ; mais peu à peu on les y
pousse plus avant, & jusqu'à ce qu'ils

(*) Ce sont les mines chyteuses dans lesquelles le cuivre ne se trouve pas minéralisé.

foient parvenus au milieu ; & on doit
faire en forte qu'ils foient fi près l'un
de l'autre, que l'un ne puiffe pas recevoir plus de chaleur que l'autre :
pendant ce temps toutes ouvertures
doivent être fermées. Dès qu'on apperçoit que la mine eft pénétrée par-tout
de feu, & que le plomb eft au moins
fondu, & qu'on le voit en petits glo-
bules, ce qui dure environ un quart
d'heure, on donne la plus grande chaleur ; pour cela on met de gros charbons ardents à l'entrée du fourneau,
& on débouche toutes les ouvertures :
alors la mine entre en fufion avec le
plomb. Lorfque la matiere eft en fufion, & que le plomb commence à fe
fcorifier, on les remue l'un & l'autre,
premiérement l'effai de plomb avec un
crochet de fer : on les laiffe après cela
un inftant, après quoi on retire les charbons de l'entrée du fourneau : on refer-
me fes ouvertures, afin que les effais
aillent un peu plus lentement, ce qui
fait qu'ils fe fcorifient mieux. Cet état
qu'on défigne par *donner froid*, eft
foutenu ainfi pendant quelque temps,
jufqu'à ce qu'on apperçoive qu'ils fe re-

froidissent entiérement ; alors on re-
donne chaud comme ci-devant, on remue encore une fois, & on les laisse
pareillement tranquilles pendant un
moment ; après quoi on les verse sur la
palette d'essai, bien frottée avec de
la craye. Si on s'apperçoit d'ailleurs
que la scorie vitreuse ne fasse qu'un
mince enduit au crochet, qu'elle y
paraisse bien brillante, & qu'on n'y apperçoive aucune bulle & grumeau,
les essais étant figés on les enleve, &
on frappe dessus avec un marteau pour
en séparer le plomb, qui alors se nomme plomb d'œuvre. Les scories s'en séparent aisément ; on bat le plomb
pour l'assembler, afin qu'il se mette
plus aisément sur la coupelle : on y met
aussi les grains de plomb qui se trouvent dispersés parmi les scories.

Remarques. Lorsque la mine est pauvre,
on met jusqu'à deux quintaux sur un même
têt, afin d'obtenir un grain d'argent plus considérable.

Les mines réfractaires, ou de difficile fusion, ne se laissent quelquefois pénétrer que
difficilement par le plomb. Dans cette circonstance, on fait bien de répéter la manœuvre
expliquée, de faire de temps en temps refroidir la matiere, & de la remettre ensuite au
grand feu, observant de la bien remuer dans

le temps de la chaleur pour faire diſſoudre la mine, & donner moyen au plomb de ſe ſaiſir de l'argent. Lorſqu'il demeure de la matiere attachée au crochet, on doit avoir attention de l'en faire détacher & de la remettre dans le ſcorificatoire; ſans cela l'eſſai ſerait faux, attendu que ces parties contiennent encore quelque peu d'argent. Mais on doit être fort attentif, pendant cette opération, à ne pas donner le temps à la matiere de ſcorifier le vaiſſeau; ce que l'on connaît par l'inégalité que l'on ſent au fond par le moyen du crochet en remuant. Lorſqu'on ſent ces inégalités, il ne faut pas manquer de retirer auſſi-tôt le vaiſſeau du fourneau.

L'eſſai du plomb ſe ſcorifie bien plus promptement que l'eſſai de la mine. Cependant lorſqu'on veut avoir des deux un plomb d'œuvre égal, & pour n'être pas en danger d'obtenir un produit de l'eſſai de mine qui ne réponde pas à celui du plomb, ſi on mettait hors du fourneau trop tard ce dernier, il eſt néceſſaire de le verſer après l'avoir remué la premiere fois, & après lui avoir fait ſubir le premier refroidiſſement & la premiere chaleur. L'expérience montre que l'eſſai eſt au point convenable, quand on apperçoit au milieu une ſcorie de la grandeur d'un denier.

Quelques-uns grillent premiérement les mines qui ſont réfractaires & très arſénicales. Mais, comme il pourrait ſe perdre quelques parties d'argent dans le grillage, qui ſeraient emportées par la fumée, je crois que l'on peut s'épargner cette peine.

O iv

Lorsqu'on veut faire à la fois plus de deux essais , il est bon de mettre les plus réfractaires en avant , puisqu'ils exigent un plus grand degré de feu; on doit aussi être soigneux à empêcher qu'il ne saute quelque chose d'un essai dans un autre , ce qui les rendrait faux.

Quand le contenu d'argent des mines est riche , mais que ces mêmes mines sont réfractaires , on en peut faire l'essai avec un demi-quintal ou deux demi-quintaux.

Quelquefois on se sert , pour aider à la séparation de l'argent des mines réfractaires , de quelque flux ; mais comme je suis persuadé que les moyens que j'ai donnés pour cela sont suffisants , je ne m'y arrêterai pas.

Ayant expliqué comment on sépare l'argent par la scorification de la mine , nous allons enseigner la méthode d'obtenir l'argent du plomb , & apprendre par-là combien il existe d'argent dans la mine.

Pour cela on prend deux coupelles , qui doivent être préparées des mêmes matieres , & aussi resserrées l'une que l'autre ; on les place renversées dans la moufle du fourneau de coupelle ; on les y tient ainsi une heure de temps. Après ce temps on retourne doucement les coupelles avec le crochet ou avec la pincette , & on les met dans le milieu de la moufle , & si également près l'une de l'autre , qu'elles éprouvent en

même temps le même degré de feu ;
on ouvre alors toutes les ouvertures
du fourneau : on donne ce qu'on appelle chaud , en mettant de gros charbons ardents à l'entrée du fourneau.
Aussi-tôt que cela est fait , on porte ,
par le moyen de la pincette , sur une
des coupelles le *plomb d'œuvre* provenant de la mine , & sur l'autre le morceau de plomb de l'essai de comparaison.

Quand le plomb d'œuvre est entiérement clair , & qu'il se scorifie ,
ce que l'on reconnaît quand il paraît
continuellement comme des taches à sa
surface , & qu'elles disparaissent , on
donne froid au fourneau ; en conséquence on bouche les ouvertures & on
ôte les charbons de l'entrée du fourneau. Pendant ce degré de chaleur , où
les coupelles paraissent quelque peu
sombres & noirâtres , la fumée ne va
pas si vîte & ne monte pas en droite ligne vers la voûte de la moufle , mais
retombe sur elle-même. Alors une partie de la litharge doit se poser à un des
côtés de la coupelle , par où l'on voit
en même temps si le plomb a pénétré

bien avant dans la coupelle. On laisse
ainsi les essais jusqu'à ce qu'ils devien-
nent petits & blancs, qu'ils acquierent
les couleurs de l'arc-en-ciel, & enfin,
comme on dit, que l'éclair se fasse. Dès
que cela est fait, ou même pendant
que les choses se passent ainsi, on re-
donne chaud, on rouvre les ouvertures
du fourneau ; cependant on ne remet
qu'un seul petit charbon devant les
coupelles. Lorsqu'enfin les boutons ne
se scorifient plus, qu'ils ne sont plus
blancs, & qu'ils se figent, on donne
froid au fourneau ; on retire peu à peu
les coupelles, afin que les grains ne
jaillissent pas, ce qui arrive lorsqu'ils
sont gros. On retire enfin les coupelles
entiérement du fourneau ; on prend les
grains qu'on dégage de la litharge, on
les pese à la balance d'essai, en mettant
le grain qui vient du plomb dans le
bassin où l'on a mis les poids pour pe-
ser le grain qui provient de la mine,
ce qui donne le poids juste du produit
de la mine.

Remarques. Plus on conduit les essais froidement, plus on obtient un riche produit. La
raison de cela est que lorsqu'on les pousse trop

chaudement, le plomb n'a pas le temps de se
sconfier parfaitement, de déposer tout l'argent qu'il tient. On doit cependant prendre
garde de ne pas diriger les essais trop froidement ; ce que l'on apperçoit lorsqu'on voit se
former à la surface du bain une pellicule, que
la coupelle paraît noirâtre, & que la matiere
paraît d'un rouge sombre. Dès qu'on s'apperçoit que les choses sont en cet état, on doit
mettre un charbon à l'entrée du fourneau, &
ouvrir quelque peu ses ouvertures. Mais lorfque l'essai est trop refroidi, au point d'être fi-
gé, il est nécessaire, pour plus de justesse, de
répéter l'essai.

On peut ainsi essayer les mattes, les lithar-
ges, &c. Pour ce qui est de la fabrique des
coupelles, elle est assez connue. Je dirai néanmoins que je regarde comme les meilleures
celles qui font faites avec une partie de cen-
dres de bon bois, & autant d'os calcinés & pré-
parés convenablement.

L'argent qui est contenu dans les mines de cuivre, s'unit ou se trouve dans
la premiere fonte en grand avec le cuivre noir, à suposer qu'il n'y ait avec
les mines que des matieres minérales
étangeres dont on veuille les débatraf-
fer par cette premiere fonte. Le cuivre
noir tient souvent une partie remarquable d'argent, qui mérite la peine
qu'on l'en sépare. Mais pour ne pas en-

O vj

treprendre aucun travail inutile ou dif-
pendieux, il eſt néceſſaire d'apprendre
par l'eſſai combien le cuivre noir tient
d'argent au quintal : pour faire cet eſſai on s'y prend de la maniere ſuivante.
On rompt un morceau de cuivre noir,
du milieu d'une maſſe, s'il eſt poſſible,
quand il conſiſte en pluſieurs lames ; ou
bien s'il eſt briſé en petits morceaux, on
en prend un petit morceau ici & là, ob-
ſervant qu'ils ſoient d'égale peſanteur.
On fond ces morceaux dans un creuſet
placé devant le ſoufflet ; & ſi-tôt qu'ils
ſont fondus, on remue bien la matiere
avec une baguette ; on retire enſuite le
creuſet, & on verſe la matiere dans un
cône graiſſé & chauffé. Lorſque le régule eſt froid on l'obtient, & on en
coupe à chacune de ſes extrémités un
peu, parcequ'en ces endroits il eſt toujours plus riche ; après quoi on coupe
le régule en deux morceaux d'égale longueur. On peſe un bon quart de quintal des parties de cuivre qu'on obtient
des deux morceaux ; on mêle bien ces
parties enſemble. On peſe enſuite deux
demi-quintaux des premieres parties
de cuivre qu'on a obtenues, après quoi

on pèse quatre fois du même plomb
ou quatre lots. Cela étant fait, on
met chacune en particulier ces parts de
plomb de deux lots sur une coupelle
bien disposée. Aussi-tôt que le plomb
est en bain, on met sur une des deux
coupelles un demi-quintal de cuivre :
on conduit cet essai comme il a été
dit ci-devant, & on compare le grain
qui en provient avec celui qui provient du plomb.

Remarque. Quand on veut essayer le cuivre
noir sur le fourneau ordinaire de raffinage
du cuivre que les Allemands nomment *Garre*,
on agit ainsi qu'il vient d'être dit ; mais on ne
pèse seulement pour un demi-quintal de cuivre, qu'un demi ou un quintal de plomb. On
expose l'un & l'autre sur une coupelle qu'on
place sur le fourneau en question, à côté de
laquelle on met l'essai de comparaison pour
le plomb qu'on a employé.

C'est une vérité connue, que l'argent ayant plus de disposition pour être
avec le plomb qu'avec le cuivre, on
peut espérer de le séparer du dernier
dans les travaux en grand, au moyen
du premier : cependant il reste toujours
une portion remarquable d'argent dans

le cuivre (*). Mais il est nécessaire de
savoir pour notre avantage jusqu'à quel
point on peut parvenir à séparer l'argent du cuivre ; c'est ce que l'on fait
en scorifiant le plomb obtenu du cuivre par la *liquation*. Pour cet effet on
prend des parties du plomb d'œuvre ,
de la même maniere que nous l'avons
dit pour le cuivre ; ou bien on prend
un morceau du plomb d'œuvre qui a
coulé au commencement de l'opération
de la liquation , & un autre à sa fin ; on
fond ces parties de plomb ensemble.
On prend ensuite deux lots (**) de ce

(*) C'est une preuve que l'argent n'a pas
plus d'affinité avec le plomb qu'avec le cuivre : au contraire on pourrait dire avec quelque fondement qu'il n'a pas tant d'affinité avec
le plomb qu'avec le cuivre ; puisque, de quelque maniere qu'on l'y prenne , on ne peut parvenir à le séparer entiérement du cuivre.

(**) Notre Auteur recommande ici de prendre le plomb aux deux extrémités du morceau , qui pour cette raison doit être coulé en
longueur , ainsi que nous avons vu qu'il le recommande pour le cuivre noir : mais c'est un
usage qui n'est fondé que sur le préjugé où
sont quelques Métallurgistes Allemands de
croire que les extrémités de ces régules sont

plomb, on le place sur une coupelle
disposée pour cela, & on pousse l'essai
convenablement. Lorsque le bouton
d'argent paraît seul sur la coupelle, on
le prend & on le pese : on partage le
contenu par huit, puisque deux lots ou
huit quarts de lots font huit quintaux.
Par-là on apprend combien il y a d'argent par quintal de plomb d'œuvre.

L'argent qu'on obtient dans la plupart des mines est impur ; c'est pourquoi il est nécessaire de déterminer
combien un marc tient d'argent fin.
Pour cela on coupe un morceau d'argent dessus & dessous d'une masse, on
met ces morceaux d'argent dans un têt
bien net ; on le place dans le fourneau
d'essai, & on l'y tient jusqu'à ce que
l'argent soit rouge : alors on le prend,
& on le frappe sur une enclume, pour
le réduire en lames minces ; après quoi

---

plus riches ou plus pauvres en argent, & qu'en
s'y prenant de cette maniere l'essai est plus
juste. Mais nous osons assurer, d'après l'expérience, que c'est une erreur, & que l'essai est
également juste de quelque côté qu'on prenne
de ces régules, pourvu qu'ils ayent été bien
en fusion & bien remués.

on le coupe en filets minces ; on pese
un demi-marc de cet argent , poids
d'essai ; on pese ensuite pour cette
proportion d'argent , deux & demi ,
& même jusqu'à trois marcs de
plomb , selon que l'argent est plus ou
moins impur , & on prend la même
quantité de plomb, pour faire le *témoin*.
On place l'un & l'autre sur une coupelle particuliere. Quand le plomb est
en *bain* , on met sur la coupelle l'argent : on conduit la scorification convenablement. L'opération étant achevée ,
on prend les grains qu'on nettoie bien ;
on place celui de l'argent dans un bassin de la balance , dans l'autre avec les
poids *le témoin*. Par-là on apprendra
combien il y a d'argent fin dans chaque
marc.

Remarque. Afin que l'essai soit le plus juste
possible , & qu'il rende la plus grande quantité possible d'argent , il faut diriger la scorification aussi *froidement* qu'il est possible ; c'est
pour cela qu'on place quelquefois , sur-tout au
commencement , un tuilot sous les coupelles
ou à côté , sur-tout quand le fourneau de coupelle tire trop fort ; cependant on doit bien se
donner de garde de refroidir les essais au point
de les faire figer ,

CHAPITRE II.

*Préparation des Mines pour la fonte
en grand.*

LES MINES dont il a été fait mention
doivent être séparées de toutes parties
étrangeres avant d'être fondues , afin
d'épargner par-là d'inutiles dépenses.
On doit examiner d'abord de quelle
maniere elles font unies à ces parties
étrangeres , fi ces parties font de plufieurs efpeces , & fi elles font de nature à s'en féparer ou non. Il y en a qui
confiftent dans l'affemblage de plufieurs grands morceaux féparables au
marteau , d'autres qui confiftent en
petites parties , fouvent parfemées
dans la roche. Les premieres fe nomment mines de *féparage* , & les dernieres mines de bocard Mais celles qui
font de mine pure fe nomment mines
maffives , *mines de fonte.*

La féparation des mines d'avec leurs
parties étrangeres fe fait , comme on

fait , 1°. avec la main & le marteau ;
2°. par le pilage & le lavage. Nous allons nous appliquer à détailler ces travaux chacun en particulier dans autant
de sections.

S E C T I O N P R E M I E R E.

*De la séparation qui se fait à la main
du cuivre d'avec les parties étrangeres.*

Les instruments qui sont en usage
dans ces travaux , consistent en crible ,
marteau , &c. Les masses de filons divisées & séparées donnent de la mine
de *séparage* , qui sont lavées dans une
cuve , pour en séparer les parties terreuses qui leur sont adhérentes , &
dont ensuite on en dégage tant que
l'on peut , au moyen du marteau , la
roche ou gangue inutile. On les réduit
en petits morceaux comme des œufs ;
après quoi on trie scrupuleusement
toutes les parties qui en ont été séparées ; on les distingue selon qu'elles
contiennent plus ou moins de métal.
Ceux qui connaissent ces travaux savent qu'il se perd toujours quelques

parties de mine, ou qui reste en arriere dans les roches, tant par le lavage des mines à la cuve, que par la
séparation elle-même. Néanmoins nous
nous appliquerons autant qu'il sera en
nous à n'en perdre que le moins qu'il
nous sera possible, & à chercher les
moyens les plus convenables pour cela.

Remarques. Que la méthode de séparer les
mines à la main ne soit pas préférable (quand
on peut s'en tenir là) au pilage & lavage, c'est
ce qui n'a besoin d'aucune explication, sur-
tout si on fait attention que là où ces méthodes
sont nécessaires il ne reste point d'autre moyen,
& qu'il y a toujours une partie de mine qui est
entraînée par les eaux, comme la suite nous
le montrera.

Toutes les mines de cuivre sont sujettes à
cette séparation, c'est-à-dire, lorsqu'elles sont
mêlées avec des parties étrangeres. Il faut cependant en excepter les mines de cuivre chyteuses, dont la séparation ne se fait qu'en
grand, en choisissant les chytes qui sont métalliques, & les séparant d'avec ceux qui ne le
sont pas. On ne les soumet ni au pilage ni au
lavage ; car l'union qu'il y a ici entre les parties métalliques & les terreuses est si forte
qu'elles seraient nécessairement entraînées par
l'eau, ou du moins on en aurait une perte
considérable.

Section II.

De la Séparation des Mines de cuivre par le moyen du pilage & du lavage.

Il nous paraît nécessaire que nous traitions d'abord des instruments qui sont nécessaires à ce travail. Celui qui mérite premiérement notre attention, est le bocard déja connu, ainsi que toutes ses dépendances. Nous remarrons que les roues qui font mouvoir les pilons sont de différentes hauteurs; mais je suis d'avis qu'on ne doit pas avoir ces roues au-dessous de quatorze pieds & pas au-delà de vingt pieds; car dans le premier cas elles n'ont pas une force suffisante, quand la chûte d'eau n'est pas assez forte; & dans le second, elles vont trop lentement (*). Quel-

---

(*) Ces assertions ne paraîtront pas bien fondées à tout le monde : il n'est pas bien décidé si une roue de 14 & une de 20 pieds de hauteur sont préférables. Il paraît bien plus solide de dire que c'est la chûte d'eau plus ou moins forte qui décide de la lenteur ou de la vitesse d'un bocard.

ques-uns font dans l'habitude de faire
les bocards pour neuf pilons , & quelques autres pofent fur l'axe de la roue
quatre *cammes* pour un pilon. Ces deux
méthodes me paraiffent également dé-
fectueuſes ; car dans le premier cas la
roue a un trop grand fardeau à foule-
ver , d'où naît une lenteur dans l'action
des pilons : dans l'autre , il faut nécef-
fairement que l'axe foit plus fort que
de coutume ; ainfi la roue a le même
inconvénient par rapport à la pefanteur
de l'axe. Je fuis d'avis qu'on ne doit
mettre à un bocard bien conditionné
que 6 pilons , & 3 cammes pour chaque , & que l'axe foit placé à demi-
hauteur des pilons. Ce qu'il y a de plus
effentiel à obferver dans la direction
d'un bocard , eſt dans la maniere de
piler ; favoir fi c'eſt en grains ou en
poudre fine qu'on doit piler ; dans ces
cas le bocard doit être dirigé différemment. Ce n'eſt point fans raifon qu'on
établit cette différence , puifqu'elle eſt
fondée fur la nature même des chofes.
Je fuppofe , par exemple , qu'on veuille
piler en grains fins des minerais , dans
lefquels il fe trouve des parties de cui-

vre vertes & bleues , qui font bien plus légeres que d'autres mines , il n'est pas douteux qu'il y aura quantité de ces parties qui étant pilées trop-finement feront entraînées par les eaux ; tandis que fi on pile ainfi les minerais dans lefquels il y a des parties de mine maf-fives , on fait bien mieux ; car par-là on les dégage de la roche dans laquelle elles refteraient confondues. C'est pour cela qu'on doit confidérer de quel côté est le plus grand avantage , & examiner quelles font les mines qui doivent être pilées de telle ou de telle maniere. Toutes les mines doivent être pilées en gros grains , excepté celles où il y a des parties de cuivre bleues & ver-tes , ainfi que celles que nous avons dit fe trouver à Frankenberg , qui font auffi très légeres , & auxquelles on ne fait fubir d'autre préparation que de les laver dans une cuve remplie d'eau , dans laquelle tourne horizon-talement une croix de fer avec des dents , qui tient à un axe perpen-diculaire qui traverfe le fond de la cuve , & qui s'engrene , au moyen de fa lanterne , aux dents d'une roue qui eſt implantée dans un grand axe , mue par une grande roue à auget (*). Par le moyen de cette croix , les parties qui ne ſont pas de mines ſont délayées & entraînées par l'eau , tandis que les parties de mine plus peſantes reſtent en arriere lavées & pures. Qu'il y ait un grand avantage à ſe ſervir d'une pareille machine, c'eſt ce que perſonne ne niera , puiſque par ſon moyen les parties métalliques des mines de cuivre chyteuſes ſont ſéparées de la terre.

Après avoir parlé des minerais qui doivent être pilés en gros grains , je devrais auſſi parler de ceux qui doivent être pilés en grains fins : mais j'avoue que je n'en puis ici donner aucune eſpece ; car quant aux mines de cuivre vitreuſes , jaunes & fahlerz , elles ſont pilées , ſelon les circonſtances , fin ou gros : mon avis eſt qu'elles ſoient pilées , ſavoir , celles qui ſont unies ſous la forme de ſable groſſier avec de la roche , en gros grains ; & celles au con-

---

(*) M. Cancrinus a publié cette machine curieuſe dans ſa Deſcription des mines de Frankenberg.

traire qui font en parties fines difper-
fées dans la roche, doivent être pilées
en grains fins.

Maintenant nous allons donner les
moyens par lefquels on parvient à obtenir du bocard les mines à fins grains
ou à gros grains. Les précautions qu'il
faut avoir pour piler à gros grains, font
celles ci; 1°. de donner aux pilons plus
d'élévation que de coutume, afin qu'ils
puiffent tomber de plus haut; 2°. de
laiffer entrer dans le bocard plus d'eau
que d'ordinaire, afin que la mine puiffe
être mieux foulevée & entraînée plus
aifément; 3°. de donner moins de profondeur à l'auge, afin que la mine
puiffe s'élever plus facilement jufqu'à
la fortie du bocard; 4°. fi on eft dans
le cas de piler en grille, d'en mettre
devant les pilons d'affez ouvertes. Dans
le cas contraire, c'eft à dire, fi on
veut piler fin, on doit obferver pré-
cifément le contraire.

Quoique ce que je viens de dire fur
l'élévation des pilons foit fondé, ce
n'eft cependant pas dans ces cas feuls,
qu'il eft néceffaire d'élever ou d'abaif-
fer les pilons; & ce moyen ne peut

pas

pas toujours avoir lieu pour piler la mine à gros grains ; car le plus ou moins de solidité des minerais exige aussi que les pilons tombent de plus ou moins haut. Par exemple , un minerai qui n'est point d'une grande solidité , qui doit être pilé gros, n'exige pas que les pilons tombent de haut ; tandis qu'un minerai solide , pour être pilé fin , exige au contraire que les pilons tombent de haut.

L'expérience nous apprend que les moindre chûtes qu'on puisse donner aux pilons sont celles-ci ; aux pilons les plus près de l'entrée de l'eau sept pouces, à ceux du milieu neuf pouces, & aux derniers , c'est-à-dire , à ceux qui sont près de la sortie, douze pouces. La chûte moyenne est de huit pouces pour les premiers pilons , de dix pour ceux du milieu , & de douze jusqu'à quatorze pour les derniers La plus grande chûte qu'on donne aux pilons , est de neuf pouces aux premiers , de douze à ceux du milieu , & de quatorze & seize aux derniers. Il est entendu que c'est d'un bocard ordinaire

P

dont il s'agit ici, qui ne doit être ni
trop léger ni trop pesant.

Le sol de fer des auges de bocard se
détruit par la suite, & son *detritus* demeure confondu avec les parties de mines. C'est cet inconvénient qui a fait
qu'au Hartz & en Saxe on a imaginé de
faire un sol avec des roches, qui, pilées
& écrasées par les pilons, donnent un
sol très solide, dont on se sert en
place des plaques de fer. Je tiens ce sol
fort bon pour les mines solides & pour
les minerais qui contiennent des parties riches; mais je ne les recomman-
derais pas pour celles qui sont tendres
& fines, qui s'y attachent & y demeu-
rent confondues. Mais une utilité particuliere qu'on peut s'en promettre,
est pour les mines de cuivre bleues &
vertes, qui ne sont point susceptibles de
s'attacher à ce sol, & qui ont beaucoup plus de disposition à s'en aller
avec l'eau. La maniere dont on fait ce
fond ou sol du bocard est celle-ci : on
jette des substances pierreuses sous les
pilons; on les pile jusqu'à ce qu'on ait
lieu de juger que le sol est uni & assez
solide; ensuite on laisse couler quelque

peu d'eau dans l'auge. Si on voit qu'elle
en fort trouble, on jette de nouvelles
roches, en petits morceaux, dans le bocard. Les pilons les battant, le fol fe forme folide & s'égalife. On a un double
avantage à fe promettre de ce fol ; car
il eft en premier lieu regardé comme le
meilleur de tous, quand il eft bien
fait, folide, & qu'il n'a point d'inégalité ; & en fecond lieu, en ce qu'il eft
plus propre à donner la mine nette.

Remarques. On eft habitué en quelques
lieux, particuliérement en Saxe, de pratiquer
au bocard, au lieu de grille, une ouverture à
la derniere colonne d'à-peu-prés fix pouces
de largeur & de deux pouces & demi de hauteur, à cinq pouces de diftance du fol. Quant
aux mines de cuivre, je ne vois pas que cette
méthode foit d'une grande importance.

On a auffi imaginé de mettre au bocard une
efpece de trémie ou d'entonnoir, qui, au moyen
d'un canal, verfe de lui même les minerais
dans l'auge du bocard, toutes les fois qu'une
baguette, attachée à un des pilons, vient à le
frapper : mais je ne regarde pas cette inven-
tion par rapport aux mines de cuivre comme
fort utile ; car elle donne les minerais trop
lentement, & n'eft convenable tout au plus
que pour les minerais riches.

Ayant confidéré le *pilage* en géné-

ral , nous allons examiner la maniere
de recevoir les minerais pilés , ou ce
qu'on nomme *le brouail* , qui se séparent
les uns des autres en raison du plus ou
moins de ténuité. C'est dans des fossés
plus ou moins grands & profonds : ceux
qui sont les plus près du bocard , *reçoi-
vent , comme on sait , le plus gros , & les
autres , à proportion de leur éloignement;
enfin l'e dernier le plus fin , qu'on appelle le*
brouail vaseux ou la vase. *Ces fossés doivent être plus ou moins nombreux , selon
que la mine qu'on pile est de nature plus
ou moins pesante. Si c'est , par exemple ,
de la mine d'étain ou de plomb , il n'est pas
nécessaire d'avoir un si grand nombre de
fossés que pour la mine de cuivre & la mine
d'argent grise. Chacun les construit à sa
maniere , & quelques-uns leur donnent
depuis* 12 *jusqu'à* 20 *pieds de longueur ,
&* 6 *ou* 7 *de largeur sur* 10 *jusqu'à* 14
pouces de chûte ; d'autres plus ou moins.

Nous venons maintenant à l'usage
des tables , qui sont les instruments les
plus importants de ce travail , puisque
la mine y est rendue pure & séparée du
sable & des terres dans lesquelles elle
est confondue. Ce qui mérite ici la premiere attention , est l'eau qu'on doit

donner sur les tables, & le plus ou moins d'inclinaison qu'on doit donner aux tables ; car c'est de l'administration de l'eau plus ou moins bien conduite, & du plus ou moins d'inclinaison des tables que dépend la réussite de cette opération. On doit considérer d'abord la nature de la mine qu'on doit laver, si elle est fort pesante, & si elle est fine ou non : car il n'est pas douteux qu'une mine pesante & grosse sera moins disposée à s'en aller avec l'eau, qu'une légere & plus fine, sur-tout si la table est trop penchée. Il s'ensuit de là tout naturellement que, lorsqu'on veut laver une mine pilée à gros grains, on doit donner aux tables plus de penchant & de l'eau plus abondamment que pour une mine pilée finement. En un mot, on doit donner aux tables d'autant moins de penchant & d'eau que la mine est pilée plus finement, & d'autant plus de penchant & d'eau aux tables que la mine est plus pesante, ou qu'elle est pilée plus grossiérement. Mais quels sont les degrés de penchant & la quantité d'eau qu'on doit donner aux tables dans ces deux cas ? L'ex-

périence va nous l'apprendre. Elle nous
enseigne qu'on fait bien de donner
pour les mines pesantes, aux tables en
caisse ou à tombeau, depuis douze
jusqu'à seize pouces d'inclinaison,
mais aux tables ordinaires depuis 20
jusqu'à 24 ; & pour une mine légere
ou pilée finement, aux premieres tables 9, 10 pouces, & aux secondes 18
jusqu'à 20 pouces. Quant à l'eau, il
est entendu qu'il en faut plus aux premieres qu'aux dernieres ; mais c'est ce
qui est plus aisé à démontrer qu'à décrire, & ce qu'un Minéralogiste intelligent doit savoir.

On a mis déja en question si la table
à tombeau ou en caisse n'est pas plus
propre pour laver les *brouails* gros, pesants & riches, que les tables ordinaires ; & si le lavage aux tables drapées
n'est pas plus convenable pour les pauvres *brouails*, ou pour les vases, que
le lavage simple (*). Quelques uns sou-

____

(*) Il est vrai qu'il y a long-temps qu'on a
fait cette question ; mais il est décidé aussi depuis long-temps que la table à tombeau est de
la plus grande importance pour laver & séparer promptement la plus grande partie des ter-

tiennent l'utilité des tables drapées pour laver les *brouails vaseux* & fins. Cependant, comme les parties fines ont beaucoup de disposition à s'attacher sur les toiles, pendant que les parties de roche sont entraînées, je regarde cette méthode comme avantageuse, sur-tout lorsqu'il existe dans les brouails des parties de mine d'argent ou de cuivre.

La maniere dont on peut se servir de la table à tombeau, est la suivante : on y fait aller autant d'eau qu'il est né-

---

res & sables mêlés avec les parties des mines, ou pour faire ce qu'on appelle le dégrossissage, & même pour séparer entiérement les mines pesantes, telle que la mine de plomb pilée grossiérement. Quant au lavage aux tables drapées, il est décidé que c'est une méthode tout au moins inutile ; & que la séparation des parties fines de mine peut avoir également lieu sur les tables ordinaires, penchées convenablement, c'est-à-dire, à proportion de la finesse des parties de mine. Nous sommes fort étonnés de voir que M. Cancrinus, qui a de l'expérience, mette ceci en question, & qu'il regarde même la derniere méthode comme avantageuse, tandis qu'elle est abolie dans toutes les exploitations où regne de l'intelligence & du savoir.

cessaire , c'est-à-dire , autant que les
circonstances & le *brouail* l'exigent ; ce
qui se conçoit plus aisément qu'il ne se
décrit , & qu'un intelligent Bocardier
doit savoir. On tire dans la caisse en
même temps , au moyen d'une espece
de rable , le brouail ; on le remue en
le ramenant de bas en haut , observant ,
autant qu'il est possible , que l'eau se
répande également par-tout ; on continue ainsi jusqu'à ce que la caisse soit
pleine. Alors on divise le brouail en deux
parties ; on en fait deux tas au moyen
d'une pelle. La partie d'en bas n'est que
du sable , pendant que celle d'en haut
contient la mine. On sort cette partie
supérieure , que l'on va travailler de la
même maniere sur une autre table à
tombeau disposée pour cela , ou bien
on se sert de la même table. On dé-
pouille la mine de la plus grande partie
de ses sables. Mais lorsqu'on veut l'avoir
par ce moyen entiérement pure , on re-
commence la même manœuvre , & on
la répete même plusieurs fois , s'il est
nécessaire , pour avoir la mine entiérement pure. *Dans le cas où l'on trans-*
porte le brouail dégrossi sur une autre ta-

ble pour en obtenir la mine pure , on continue à *dégroffir* fur la premiere table , en y remettant de nouveau brouail, & faifant fortir à mefure les fables d'en bas hors de la caiffe. Ou bien fi on fe fert de la même table , étant alors obligé de faire fortir les fables à mefure dehors , on relave les fables fur une autre table , & on en fépare la mine de la même maniere qu'il vient d'être dit. Mais la mine de lavage qui provient de ce dernier travail , refte mêlée (étant fort fine) avec beaucoup de terre.

Remarques. Lorfqu'on fe voit obligé de piler à gros grains , il refte après ce travail une partie de mine avec la roche ; c'eft pourquoi fouvent ces réfidus méritent d'être repilés : après quoi on les relave de la même maniere que ci-devant.

En quelques endroits on a l'ufage de relaver ces fables fur les tables drapées , au lieu de les foumettre à ce pilage , afin d'en féparer entiérement les parties de mine fine qui peuvent y être.

Pour ce qui eft du lavage aux tables ordinaires , il s'exécute de la maniere fuivante.

On met fur la table ou efcalier de

la table quelques pellées de *brouail* :
on donne l'eau qui eft néceffaire fur la
table ; on tire le *brouail* avec un petit
rable, on l'étend enfuite fur toute la
largeur de la table, après quoi on l'agite
en l'écartant, & le ramenant de bas en
haut avec le goupillon ou balai. On
continue cette manœuvre jufqu'à ce
que les parties purement fableufes
ayent été entraînées, & que la mine
paraiffe. Alors, pour achever d'épurer
la mine, on la ramene jufqu'en haut :
on fait paffer deffus beaucoup d'eau ;
& puis la ramenant en bas, on l'écarte
encore à droite & à gauche de bas en
haut. Lorfqu'elle eft parvenue au bas
de la table, on la fait couler dans une
coupe de bois ou feau où elle eft encore
relavée.

Pour les brouails pauvres & vafeux,
ils fe lavent fur les tables drapées de
la même maniere que fur les tables
ordinaires. L'opération étant finie, on
prend les toiles fur lefquelles la mine
eft reftée, on les lave chacune dans
des cuviers particuliers. Le vaiffeau
dans lequel on lave les toiles placées
au bas de la table étant plein, on re-

lave ce qui y eſt contenu ſur ces
mêmes tables, pour en obtenir ce qu'il
y a de mine. Mais quant à la matiere
qui provient des premieres toiles, elle
eſt relavée ſur les tables ordinaires,
étant rarement entiérement pure.

Remarques. Le petit avantage qu'on a dans
ce travail eſt beaucoup plus aiſé à comprendre
& à démontrer qu'à décrire ; & comme c'eſt
une choſe déja connue des Bocardiers intelligents, je ne m'y arrêterai pas.

En quelques lieux, où les minerais ſont riches, & où l'on veut piler en grains fins, on a
coutume d'en laver le brouail ſur les tables
drapées pour le dégroſſir, & enſuite de l'épurer dans une table à tombeau.

S ᴇ ᴄ ᴛ ɪ ᴏ ɴ   III.

De la Séparation des mines par le crible
& le travail à la cuve.

Les inſtruments dont on ſe ſert dans
ce travail, ſont la cuve, une table, &
des tamis ou cribles. Il y a des cribles
dont *les ouvertures ont un quart de pouce:*
ceux-ci ſont à deſſein de ne retenir que
les groſſes parties: d'autres qui ſont plus
fins, ſont pour en obtenir de plus fines:

P vj

ils ſont faits d'un entrelacement de ſil
de fer. La cuve eſt cerclée , & a des ouvertures en quelques endroits pour faire
écouler l'eau ; & en d'autres , elle n'a
qu'une breche en haut , par où les eaux
ſuperflues s'écoulent. On met des parties de mine briſées en petits morceaux
dans un de ces tamis , à la hauteur de
trois ou quatre pouces. On le plonge perpendiculairement dans la cuve , en ſorte
que l'eau baigne par-tout. Alors on remue le crible circulairement , en lui fai-
ſant faire des ſoubreſauts légers , & le
frappant. Dans cette opération , les parties de mines ſe précipitent au fond du
crible , & les parties de roche plus légeres viennent à ſa ſurface : on en fait enſuite la ſéparation. Pendant ce temps-là
les parties les plus fines tombent dans la
cuve , qu'on lave encore ſur les tables
pour en ſéparer les parties de mine. Ce
travail étant jugé aujourd'hui par les
plus expérimentés , aſſez inutile , depuis
qu'on a trouvé plus de profit à ſe ſervir
du bocard , nous ne nous y arrêterons pas
plus long-temps.

CHAPITRE III.

De la Fonte des mines de Cuivre , & des travaux en général qu'on fait fur les mines pour en obtenir le cuivre & l'argent.

SECTION PREMIERE.

Du Grillage des mines de Cuivre.

J'AI montré l'utilité du grillage des mines de cuivre, lorfque j'ai parlé des effais de ces mines , en même temps que j'ai montré les cas où l'on peut fe paffer de faire cette opération. Les mines que nous avons dit ne contenir que peu de foufre & d'arfenic n'exigent point d'être grillées; il n'y a que celles qui contiennent beaucoup de ces matieres. Telles font les mines de cuivre jaunes & les mines d'argent grifes , qui dans l'effai font connaître l'utilité qu'il y a de les bien griller , tandis que les mines de cuivre chyteuses exigent un moindre grillage, étant unies avec beaucoup moins de soufre & d'arsenic. De là vient la nécessité d'établir une différence dans les travaux, & d'indiquer les différents chemins qu'on doit suivre pour cela. Ainsi je vais m'appliquer à donner les meilleurs moyens pour cela & les moins dispendieux que l'expérience m'a appris. Premiérement je vais indiquer les moyens de griller les mines d'argent grifes, ensuite les mines de cuivre chyteuses.

Pour griller les premieres mines, on peut s'y prendre de cette maniere. On met sur une place, disposée pour cela à côté de la fonderie, dix huit jusqu'à vingt pieds de petits charbons, de la hauteur de trois doigts d'épaisseur, qu'on égalise bien. On place sur ce charbon, qu'on nomme en allemand *le sol*, deux jusqu'à trois pieds de haut de fagots, qu'on dispose de telle maniere qu'ils se croisent ; là-dessus on pose des bûches du plus mauvais bois, qu'on y égalise. Les choses étant ainsi disposées, on arrange dans le milieu de ce bûcher le bois pour l'allumer : on y

jette alors 300 jusqu'à 400 quintaux de
mine , & on les y arrange de telle maniere que les grosses parties se trouvent
au milieu , & les petites à côté ou au-
dessus , les premieres exigeant plus de
feu que les secondes. Enfin ce grillage
doit être disposé de maniere qu'il ait la
figure ovale. On y met le feu ; il dure ,
lorsque le tas est bien arrangé , 8 jusqu'à 14 jours.

Remarques. Afin que la pluye ne porte pas
dommage à ce grillage , on couvre la place
par un toit.

Il y a aussi quantité de fourneaux pour le
grillage des mines ; mais comme leur bâtisse
& entretien causent plus de dépense qu'ils n'ap-
portent de profit , & qu'on n'y peut pas en une
fois griller une aussi grande quantité de matiere , qui néanmoins dépensent beaucoup de
bois & de charbon , & qu'ils prennent beaucoup de temps , je préfere le grillage que je
viens de décrire ; par où l'on épargne non seulement beaucoup de temps , mais encore beaucoup de bois ; car dès que la mine est enflam-
mée le feu s'y soutient de lui-même.

Lorsque le grillage doit être fort , on peut
mettre davantage de charbon sous le bois.

Les mines sont-elles fort difficiles à griller ,
on peut les griller deux ou trois fois : mais
pour faire que le grillage dure davantage , on
peut couvrir le tas avec des petites parties de
minerais ; car par-là le feu est concentré , en
sorte qu'il s'y conserve bien plus long temps.

J'ai déja dit qu'il y a quelques mines de cuivre qui donnent davantage de métal lorsqu'on ne les grille pas, que lorsqu'on les grille. L'expérience dans le travail en grand y est conforme ; car je fais d'après des essais réitérés, qu'il y a des mines de cuivre qui tiennent de l'argent, qui par les grillages éprouvent un déchet sensible d'argent, quelque précaution qu'on ait mise en usage, soit dans le grillage fait à l'air libre, ou dans le fourneau. On peut ranger dans la classe des mines qui éprouvent un pareil déchet, toutes celles qui sont considérablement arsenicales, où l'on peut distinguer sur-tout les mines d'argent grises, lorsqu'elles sont unies à une grande quantité d'arsenic. Leur déchet est souvent considérable ; c'est pourquoi je suis d'avis qu'on ne les grille pas du tout : quoique leur fonte soit sans cela laborieuse & difficile, on y peut remédier par l'addition de mine de fer, ou scorie ferrugineuse qui leur emporte une grande quantité d'arsenic (*).

Le grillage des mines de cuivre chyreuses occasionne beaucoup moins de peine ; car lorsque les chytes sont enflammés ils brûlent d'eux mêmes. La

---

(*) Ceci pourrait bien n'être fondé que sur un préjugé de M. Cancrinus ; car le fer qu'on ajoute dans cette fonte, se combine avec la mine & demeure dans la matte avec l'arsenic.

maniere dont on en fait ce grillage est celle ci. On met dans une place de trente jusqu'à quarante pieds de largeur, un lit de fagots, de la hauteur d'un homme; là-dessus on met quatre jusqu'à cent *suders* de chyte, (le *suder* est de quarante-huit *mas*, & le *mas* de douze quintaux), qu'on y arrange convenablement; après quoi on y met le feu: les chytes brûlent peu-à-peu. Un tel grillage dure plus ou moins selon sa grandeur, deux, trois, quatre semaines.

Remarques. Si les chytes ne contiennent pas beaucoup de soufre, & s'ils ne brûlent point, on met premiérement dans la place deux pieds de haut de chyte, & on fait un lit de fagots dessus, ensuite on y remet quelques pieds de chyte.

S'apperçoit on, pendant le grillage, que les chytes soient disposés à couler, & qu'ils acquierent une couleur jaune ou brune, c'est une marque qu'ils sont riches : mais si, au lieu de cela, on voit qu'ils n'acquie: ent qu'une couleur de cendre, c'est une marque qu'ils sont pauvres.

Mais comme ces especes de chytes ont une matiere sulfureuse, qui dans la fonte donne le métal sous la forme de matte, je regarde alors le grillage de ces chytes comme peu avantageux ; car ces chytes dépouillés par le grillage de cette matiere, non seulement ne se fondent pas aussi aisément qu'ils le feraient sans cela, mais encore ils donnent moins de métal, & on est obligé de brûler davantage de charbons.

Section II.

De la Fonte crue des mines de Cuivre.

Avant toutes choses, il nous convient ici de choisir le fourneau le plus convenable pour faire une fonte la plus avantageuse possible. Entre tous, je n'en connais pas de plus avantageux que celui qu'on nomme le haut fourneau. Mr. Schlüter a fait connaître dans sa Description des Fonderies quelques especes de haut fourneau : je regarde celui qu'il donne dans la planche 39e. pour le meilleur, qui est celui dont on se sert dans le pays de Mansfeld. Mais, avec la permission de mon Lecteur, j'enverrai à cet Auteur dans cette occasion, comme dans toutes celles où il s'agira *d'explication & de détails sur les fourneaux.*

Premiérement nous allons nous occuper de la fonte des mines de cuivre

qui ne contiennent que peu ou point
de soufre ; ensuite de celles qui font
fulfureufes & arfenicales , & enfin de
la fonte des chytes cuivreux.

Les mines de cuivre bleues & vertes
font fondues avec avantage & facilité.
Pour cette fonte on pofe la tuyere à
dix jufqu'à douze pouces de hauteur ;
& lorfque les mines font de celles qui
fe fondent facilement , on donne à la
tuyere quinze pouces de hauteur. Ayant
pofé fur le fond du fourneau la brafque,
qui doit être compofée d'une partie
d'argille & d'une partie de poudre de
charbon , & ayant difpofé le tout convenablement , on conduit le fourneau
de la maniere fuivante. On commence
par mettre vingt-quatre quintaux à-
peu-près de mines fur le fol devant le
fourneau ; on les y étend de maniere
qu'il n'y en ait que de la hauteur de
la main : on met fur ce lit plus ou
moins de fcories , felon que la mine
eft plus ou moins fufible , deux , trois
ou quatre quintaux , & quelquefois
plus , felon auffi la nature des fcories , qui proviennent ou d'une fonte
facile ou d'une fonte rebelle , dont on

doit avoir une bonne provision dans
une fonderie. Mais dans le cas où ces
scories manquent, on peut employer à
leur place des matieres fusibles, de la
qualité desquelles on s'est assuré par
des essais en petit, ou bien par un petit
essai en grand. On remplit le fourneau
de charbons; & lorsqu'ils sont embra-
sés, on commence par faire aller les
soufflets, mais lentement. Dès qu'on
voit que le charbon est assez affaissé
pour donner l'espace que les Fondeurs
Allemands appellent *rispe*, qui est
d'un tiers de la hauteur du fourneau, on y remet du charbon suffisamment pour combler cet espace, & aussi-
tôt on y verse deux *palettes* de scories
fusibles. On répete ceci plusieurs fois,
tant pour donner au fourneau la chaleur convenable, que pour qu'il s'y forme un *nez* ou croûte.

Ce *nez* ou croûte est nécessaire pour
retenir la mine & l'empêcher de tomber crue dans le fond du fourneau, ou
en face des soufflets (*). Le charbon

____

(*) Nous nous arrêterons ici pour corriger
une grande faute qui s'est glissée dans la Traduction française de l'Art de la fonte des mi-

s'étant encore affaissé dans le fourneau
au point d'y laisser la place pour un
tonneau, on regarnit le fourneau de
charbon, & on met dessus deux ou trois
palettes de la mine. C'est ce qu'on fait
de temps en temps alternativement
avec le charbon, observant qu'il n'y
ait pas d'empêchement dans la conduite du fourneau : on doit sur-tout
empêcher que le *nez* ne bouche la tuyere, & qu'il ne soit pas plus épais que
de 6 pouces dans la moindre jettée, &
que dans la plus forte jettée il ne soit pas
plus épais que de 8 ou 10 pouces ; car
dans les deux cas contraires il en peut
naître de grands désavantages. Dans le

---

nes de Schlüter. M. Hellot n'ayant pas com-
pris vraisemblablement ce que les Allemands
entendent par *nez*, quoique M. Cœgni eût très
bien rendu le sens de l'original allemand dans
notre langue, dit dans une note, p. 249, qu'on
entend par *nez un trou rond* que l'on fait avec
un ringard introduit par la tuyere. Le bon sens
seul aurait dû faire comprendre à M. Hellot,
qu'en agissant ainsi on ne remplirait pas le but
qu'on se propose, qui est de retenir la mine
suffisamment, pour qu'elle puisse se fondre &
s'unir avant que de tomber dans le fond du
fourneau.

premier la mine pourrait venir cruement jusques devant la tuyere ; & dans le second, le vent ne pourrait passer librement ; par conséquent la fonte serait ralentie. La fonte étant en bon train, on la laisse aller jusqu'à ce que le bassin de réception soit plein. Pendant ce temps-là on a soin d'enlever de dessus les scories, lorsqu'elles y forment une croûte épaisse & solide. On ouvre ensuite le conduit du bassin de réception extérieur ; la matiere y ayant coulé, & l'ouverture étant refermée, on enleve la croûte de scorie qui s'est assemblée dessus, ensuite la matte. Cela étant fait, on prend le cuivre noir qui reste dessous, quoiqu'il soit encore rouge ; on le brise en morceaux, dans le cas où il tienne de l'argent suffisamment pour mériter d'être soumis à l'opération de la *liquation*. On enleve ainsi de temps en temps la matte & le cuivre noir, & on fait aller le fourneau tant que la disposition pour la fonte dure. Un tel fourneau peut aller toujours en bon état jusqu'à treize semaines.

Remarques. La hauteur qu'on donne ici à la tuyere est d'un grand avantage ; car c'est un fait connu qu'une tuyere placée trop bas occasionne une plus grande dépense de charbon, en même temps qu'elle procure une fonte plus *matteuse* ; tandis qu'une tuyere placée plus haut procure moins de *matte*, & plus de métal pur. J'avoue volontiers d'ailleurs que je suis d'avis d'employer une tuyere basse lorsqu'il s'agit de fondre des mines réfractaires & qui sont pauvres. Cependant ce sont des préceptes que je laisse à ceux qui connaissent la nature de leurs mines; c'est à eux, d'après l'expérience, à décider s'il est plus avantageux de placer la tuyere plus bas que haut, & dans lequel de ces deux cas on épargne le plus de charbon. Pour moi, je sais, par expérience, que dans la fonte des mines dont il s'agit ici, la tuyere placée comme nous l'avons indiqué, est le plus convenable. Mais s'il y a des circonstances qui exigent que la tuyere soit placée plus haut ou plus bas, c'est ce que nous aurons soin d'indiquer dans la suite.

Si la brasque que j'ai indiquée ci-devant, était trop pesante, on pourrait en employer une autre dessous, composée de deux parties de terre grasse liante, & d'une partie de charbon ; & afin que le métal ne puisse pas la détruire, on en pourrait mettre une autre dessus, légere, composée d'une partie d'argille & de deux parties de charbon en poudre. Dans la préparation des brasques, on doit avoir égard au plus ou moins de fusibilité de la terre, & à sa qualité plus ou moins grasse, ainsi qu'à la nature du charbon, savoir s'il provient d'un bois dur ou non : car lorsque la terre est très grasse on doit en employer moins ; & lorsque le charbon est dur & pesant, on doit aussi en employer moins.

Mais en général, c'est dans la pratique qu'on apprend à connaître les cas où l'on ne doit employer une brasque ni trop légere ni trop pesante. Une brasque trop légere est consommée trop vîte ; elle ne peut par conséquent résister au métal suffisamment ; & une brasque trop pesante est disposée à sauter & à s'attacher à la matiere de la fonte, parceque le peu de chaleur dont elle est pénétrée, fait que la matiere s'y fige, & que le métal s'y scorifie. On peut employer la même brasque pour le dehors du fourneau : cependant je crois qu'il serait convenable qu'elle ne fût pas si pesante que celle de l'intérieur du fourneau : car est-elle trop pesante, elle se brise en morceaux, ou s'écarte ; au lieu que si elle est trop légere, il est aisé d'y remédier. Nous ne nous arrêterons pas à la maniere dont on prépare les brasques ; car c'est ce qui est suffisamment connu des Fondeurs.

Lorsqu'on est dans le cas d'employer des matieres fusibles qui tiennent quelque peu de métal, on retire un avantage sensible dans la fonte, puisqu'on obtient une quantité plus grande de métal. Quelquefois on mêle jusqu'à un quintal de pierre à chaux avec la proportion de mine mentionnée ci-devant, afin d'en faciliter la fusion. Mais en général on doit, dans la disposition de la mine pour la fonte, avoir égard au degré de fusibilité plus

ou

ou moins grand des mines, pour mêler les plus fusibles avec les moins fusibles.

On peut reconnaître si les scories sont fusibles ou non, en examinant leur état, ainsi que nous l'avons dit précédemment : si on apperçoit que les scories sont lices, unies, c'est une preuve qu'elles sont fusibles ; si au au contraire elles sont *bulbeuses* & poreuses, ou si elles ne se montrent pas vitreuses, c'est une preuve que les scories sont infusibles. On peut remédier au dernier cas, en mettant quelque matiere bien fusible dans la fonte. Dans le cas au contraire, c'est-à-dire, où les scories seraient trop fusibles, il faudrait joindre à la fonte des minerais réfractaires.

Si dans cette fonte il vient quelque peu de matte, on n'a pas besoin de la griller, mais de la remettre *dans la disposition de la fonte* (*), à moins cependant qu'elle ne fût arsenicale ; dans ce cas, il faudrait la griller une fois avant que de la mêler dans la disposition. Les scories qui s'élevent sur les bassins de réception, lorsqu'ils

---

(*) C'est ainsi que je rends le mot *Schicht* allemand, qui désigne le mélange que l'on fait sur le sol de la fonderie de la mine avec les scories & autres matieres pour la fonte. M. Hellot l'a rendu quelquefois par journée ; mais c'est mal-à-propos, parceque ce mélange n'est point par-tout capable de soutenir la fonte pendant une journée. Plus souvent, à mesure qu'on le dépense, on en fait d'autre.

sont pleins, sont souvent métalliques : il faut avoir le soin dans ce cas de les remettre sur la disposition de la fonte, afin de ne rien perdre.

Lorsqu'on fond des mines de lavage, on fait très bien d'y mêler quelque peu de chaux éteinte, afin de les rassembler dans le fourneau.

J'ai montré comment on doit agir dans la fonte des mines de cuivre bleues & vertes, maintenant je vais exposer comment on doit traiter les mines de cuivre jaunes. La maniere d'agir dans cette fonte n'est pourtant pas essentiellement différente de la précédente ; car quand ces mines sont grillées on les fond de même dans le haut fourneau avec des bassins extérieurs ; mais on a le soin d'ajouter à la mine des scories ferrugineuses, ou des matieres ferrugineuses (*), aussi bien qu'un peu de chaux.

De cette fonte on n'obtient point de cuivre noir, mais de la matte, par-

---

(*) C'est une erreur bien dangereuse que celle d'ajouter à la mine de cuivre des matieres ferrugineuses ; car le fer, se confondant dans la matte, au lieu d'en séparer le soufre & l'arsenic, ainsi que le préjugé le fait croire, les rend très difficiles à traiter.

ceque ces mines sont unies à une trop grande quantité de soufre. On ne peut en obtenir le cuivre noir autrement qu'en les faisant bien griller avant que de les refondre. On doit faire le grillage de la maniere indiquée précédemment : on est obligé souvent de le répéter jusqu'à neuf fois : la brasque doit être un peu plus pesante que pour la fonte précédente.

Après que l'on a fait subir à la matte premiere les grillages nécessaires, il tombe encore dans la fonte de la matte ; mais comme il y en a peu, elle ne mérite pas qu'on en fasse un grillage particulier, il suffit de la jetter sur la disposition d'une nouvelle fonte.

Remarque. On est dans l'habitude en quelques endroits de ne donner à la premiere matte que cinq ou six grillages, & de la fondre ensuite de la maniere indiquée : mais comme on a par-là beaucoup de matte, on est obligé de répéter les grillages jusqu'à cinq fois : ainsi on voit qu'on n'a aucun avantage en agissant ainsi ; au contraire, le travail est plus long, & les dépenses plus considérables. Je regarde la premiere méthode comme beaucoup plus avantageuse.

On agit de même pour la fonte des mines de cuivre blanches ou *fahl-erz*, cependant avec quelque différence. Comme nous avons dit que ces mines éprouvent un déchet d'argent dans les grillages, il ne faut pas les griller entiérement avant de les fondre. Il est même avantageux dans cette occasion de ne mettre la tuyere qu'à sept ou huit pouces de hauteur, puisque ces mattes sont très fusibles, & que le plomb qu'on mêle pour en séparer l'argent se brûle. Mais pour empêcher que dans cette occasion la fonte se fasse trop promptement, il est bon d'y ajouter des matieres réfractaires, à quoi celles qui contiennent du cuivre sont excellentes.

Remarques. Plusieurs Métallurgistes me feront sans doute le reproche que cette maniere d'agir dans la fonte, c'est à-dire quand on fond cette espece de mine au moyen d'une tuyere placée bas, donne un travail long, & est cause que souvent on est obligé de griller & de refondre ensuite plusieurs fois la matte; tandis qu'au contraire en grillant la mine premiérement, & fondant ensuite par une tuyere placée haut, non seulement on abrege le temps, mais on obtient encore une matte plus

riche en argent. Je conviens de cela ; mais
comme l'expérience m'a montré que la partie
d'argent qui se perd en agissant autrement est
trop considérable, en même temps que les parties pierreuses qui tiennent de l'argent s'en vont
en pure perte, & que le plomb lui-même que
l'on met avec la mine pour en obtenir l'argent dans la premiere fonte se perd en partie,
qu'enfin les mattes sont plus faciles à griller
que la mine, je ne puis approuver cette méthode, & j'aime beaucoup mieux agir de la
maniere que j'ai indiquée.

Lorsque les mines dont il s'agit ne
contiennent pas une portion remarquable d'argent, on les grille & on les
fond comme nous l'avons indiqué précédemment ; mais quand le contraire a
lieu, il est nécessaire de choisir le moyen
que l'expérience m'a montré être le
plus avantageux pour obtenir la plus
grande quantité possible d'argent. C'est
ce que je vais indiquer.

On ne grille les mattes qui proviennent de la premiere fonte de la mine
que trois ou quatre fois, après quoi on
les fond. Le plomb d'œuvre qui vient
de cette seconde fonte est transporté
dans le fourneau scorificatoire où on
le coupelle : pour la matte qui en pro-

vient , on la grille encore quatre fois avant que de la refondre. On a par cette troisieme fonte du cuivre noir , contenant de l'argent & du plomb, qui est destiné à subir l'opération de la *liquation*. La matte qui en provient , que l'on nomme matte pauvre parcequ'elle contient peu d'argent , est grillée jusqu'à six fois ; après quoi elle est refondue : il en provient encore du cuivre noir que l'on destine comme le précédent à l'opération de la liquation. Enfin , le peu de matte qui provient de cette cinquieme fonte est grillé avec d'autre matte.

Remarques. Il est aisé à comprendre que par cette maniere d'opérer on retire la plus grande partie de l'argent des mines , sans faire beaucoup de dépense. Aussi est-il très avantageux de fondre & de griller en grand autant qu'il est possible.

Les parties sableuses provenant du travail de la laverie , peuvent , quand elles en valent la peine, être fondues de la même maniere. On peut aussi griller les mattes dans les petits fourneaux que décrit *Schlüter* , lorsque la quantité n'en est pas considérable.

Maintenant nous allons nous occu-

per de la fonte *crue* des chytes cuivreux, & voir comment on en obtient
le cuivre noir. La meilleure maniere
d'agir dans cette fonte est celle-ci.

On pose horizontalement la tuyere
à vingt huit, trente pouces au-dessus
de l'œil du fourneau; on la fait avan-
cer dans le fourneau de quatre, cinq
pouces. On pose sur le sol une brasque
de deux parties de terre grasse & d'une
partie de poudre de charbon; par dessus celle-ci on en pose une autre un
peu plus légere, composée seulement
de parties égales de terre & de poudre
de charbon. Pour le reste on agit ainsi
qu'il a été dit ci-devant.

On fait la disposition pour la fonte
avec environ un demi ou un *fuder* (cinquante quintaux) de chytes grillés. On
étend là-dessus quatre ou six quintaux
de scories provenant de la premiere
fonte des chytes, plus ou moins, selon au reste que ces chytes sont plus ou
moins réfractaires. La disposition étant
faite, le fourneau chauffé & garni convenablement de charbon, on y verse
en premier lieu deux ou trois palettes de
chytes : mais on doit avoir attention à

ce que le *nez* n'ait pas plus de six,
tout au plus haut huit pouces de longueur ; car lorsqu'il est trop long, il
donne occasion à la formation des scories impures, par où il y a toujours
une perte considérable de métal ; ce
qui met d'ailleurs le fourneau en mauvais état. Pour le reste on agit dans
cette occasion comme dans la précédente.

Remarques. C'est parceque les chytes cuivreux ne tiennent seulement qu'une ou deux
livres de cuivre, qu'on trouve plus avantageux de placer la tuyere un peu haut ; car
lorsqu'elle est placée trop bas il se brûle trop
de charbon, & on n'obtient à proportion pas
assez de métal.

Lorsque ces chytes sont réfractaires, on doit
ajouter à la disposition davantage de scories
fusibles. En vingt-quatre heures on fond ordinairement cent jusqu'à cent trente quintaux
de chytes, dont on n'obtient que quatre ou
cinq quintaux de *matte*, qui tient quarante à
cinquante livres de cuivre. Lorsque la brasque
est bonne le fourneau peut aller douze jusqu'à
dix-huit semaines.

Les chytes qui contiennent des parties vertes & bleues, & qui n'exigent aucun grillage,
peuvent, puisqu'ils ne tiennent que peu ou point
de soufre, être fondus de la même maniere,

si on leur ajoute des matieres fusibles, car ils
sont de nature réfractaire. Cependant je suis
persuadé qu'on peut les fondre avec avantage
avec des pyrites, ainsi que tous les chytes réfractaires; car par ce moyen on obtient une
matte dans laquelle le cuivre se trouve mieux
rassemblé, par où on a un meilleur produit.
Quand au contraire, on ne peut avoir ces
flux sans beaucoup de dépense, on doit piler
à l'eau les scories qui proviennent des chytes
réfractaires, & en séparer, au moyen du crible,
les parties de cuivre qu'elles contiennent sous
la forme de grains.

Le grillage & la fonte des mattes de
cuivre qui proviennent des chytes, se
font de la maniere précédente; cependant avec cette différence, qu'on ne leur
fait subir, avant la premiere fonte,
que quatre à cinq grillages, quand elles
tiennent en même temps de l'argent,
mais pas suffisamment pour que le cuivre noir mérite d'être passé à la liquation. On enleve dans cette premiere fonte, au moyen du plomb, la plus grande
partie de l'argent, de sorte que la matte
qui en provient appauvrie peut être
tout de suite grillée, pour être réduite
en cuivre noir par une seconde fonte,
& raffinée ensuite.

Remarque. Lorſque dans la fonte des chytes il ſe forme des maſſes ou loups dans le fond du fourneau, qui contiennent encore quelques parties de cuivre, on peut les griller avec les mattes.

SECTION III.

De la Liquation ou Séparation de l'argent du cuivre.

Sous cette Section ſont compriſes deux opérations. La premiere eſt la fonte que l'on fait du cuivre noir avec le plomb pour former les gâteaux de liquation, nommée la *compoſition* (*). La ſeconde eſt l'opération de la *liquation* proprement dite.

Nous commencerons par la premiere. Parmi les fourneaux dont on ſe ſert pour cette fonte, je regarde comme le meilleur celui que Schlüter a décrit,

---

(*) C'eſt ainſi que je nomme cette fonte, au lieu de *rafraîchiſſement* comme les Allemands, qui lui ont donné ce nom d'après les folles idées de l'alchymie, ſelon leſquelles le plomb était regardé comme froid, & rafraîchiſſant ici le cuivre & l'argent.

chap. 10 , §. 11 , & représenté par la planche 34ᵉ.

On dispose ce fourneau convenablement , afin de ne brûler que le moins que l'on peut de charbon & de plomb.

L'avantage qu'on a de se servir de ce fourneau consiste dans la promptitude avec laquelle on y fond le plomb & le cuivre ensemble ; par où l'on épargne du charbon & du plomb , qui n'ont pas le temps de se brûler.

Pour les cuivres riches qu'on veut soumettre à la liquation , qui tiennent jusqu'à vingt lots d'argent , on agit de la maniere suivante. On commence par remplir le fourneau de charbon ; on le laisse abaisser comme à l'ordinaire , & on le remplit encore. Enfin , lorsque le fourneau est en un état convenable , on y jette 8 ou $\frac{1}{4}$ d'un quintal de ce cuivre noir brisé en morceaux , avec deux quintaux de plomb : après quoi on doit donner grande attention à la tuyere ; car si-tôt qu'on apperçoit que cette part est précipitée au fond du fourneau , il faut faire la percée pour faire sortir la composition & la faire couler dans le bassin de réception. Dès que

Q vj

cela est fait, on l'éteint avec de l'eau ; & on l'enleve ensuite pour un gâteau de *liquation*. On continue ainsi à faire passer par le fourneau les proportions de cuivre & de plomb dont nous avons parlé, lesquelles on tient toutes prêtes devant le fourneau.

Remarques. On prend cette proportion de cuivre comme la meilleure pour faire les gâteaux de liquation : car on a remarqué que lorsqu'on prend davantage de cuivre les pains de liquation sont trop épais, de sorte qu'on ne peut pas les arranger ensemble convenablement sur le fourneau de liquation ; ce dont je parlerai ci-après. Dans ce cas encore, il reste toujours une portion de plomb d'œuvre en arriere. On ne doit pas non plus prendre davantage de plomb ; car s'il y en avait davantage, il pourrait entraîner avec lui une portion du cuivre même. Pour donner occasion à la formation d'un *nez*, afin d'empêcher que les morceaux ne se précipitent trop promptement dans le fond du fourneau, on y jette quelquefois deux corbeilles pleines de scorie mélangée avec de la terre argilleuse : cependant si on pouvait s'en passer, ce serait encore mieux ; car il y a toujours une portion de plomb qui s'unit avec les scories & l'argille, & qui y demeure en pure perte ; d'où naît un déchet dans la quantité d'argent.

On employe de la litharge à la place du plomb tant celle qui coule pendant la cou-

pellation, que de celle qui reste dans la coupelle après l'opération. Mais dans le cas où l'on
serait obligé d'employer des deux à la fois, il ne
faut prendre à-peu-près de litharge de coupelle
qu'un quart, ou la moitié moins que de la litharge ordinaire, de crainte qu'en en prenant
trop la fusion ne fût difficile.

On peut aussi joindre à cette fonte les parties scoriées du plomb d'œuvre, qu'on obtient
quelquefois dans les fonderies, & même les
substituer au plomb ; car par-là on obtient davantage d'argent dans le coupellage.

Il est inutile que nous fassions remarquer
ici que plus cette fonte dure, plus on a de profit, puisqu'on a par-là l'avantage d'épargner
beaucoup de charbon.

Nous allons maintenant nous occuper de l'opération de la *liquation* proprement dite. Schlüter a décrit aussi le
fourneau convenable pour cela, dans
son Traité de la Fonte des mines ; c'est
pourquoi je ne m'y arrêterai que pour
remarquer que c'est un avantage d'avoir
deux fourneaux de liquation l'un près
de l'autre, en sorte qu'il n'y ait qu'une
muraille de dix pouces d'épaisseur, qui
regne en longueur entre eux deux : devant ils ne doivent avoir aussi qu'une
muraille commune. Pour le reste, ils
doivent être dirigés comme il est dit,

excepté qu'ils doivent être un peu plus
longs qu'à l'ordinaire. Par-là on a moins
de dépense de charbon à faire, puisque
la chaleur se communique de l'un à
l'autre de ces fourneaux ; conséquemment l'opération se fait plus promptement.

On met sur un pareil fourneau huit
pains de liquation, qu'on arrange de
maniere qu'ils laissent entre eux à-peu-
près six pouces d'intervalle. On commence par garnir ces intervalles avec
du charbon, ensuite on les couvre entiérement, en sorte qu'ils soient sur-
montés par huit pouces de charbon. On
met aussi du charbon sur le foyer, qu'on
allume ainsi que le dessus du fourneau.
A mesure que le plomb d'œuvre coule
& remplit le bassin de réception, on le
puise pour le mettre dans les moules.

Lorsque les pains de liquation com-
mencent à s'affaisser, ainsi que le charbon, on met quelques bûches dans le
cendrier du fourneau, afin de ne pas
laisser perdre la chaleur convenable
pour faire couler *l'œuvre*, & pour que
les *éponges de cuivre*, qui restent &

s'attachent ensemble, ne gardent que le moins possible de l'œuvre.

Lorsque la *liquation* est achevée, c'est à-dire, qu'il ne coule plus de plomb d'œuvre, on ôte la feuille de tôle qui ferme le fourneau ; on enleve les éponges de cuivre, qu'on débarrasse du charbon qui peut s'y trouver ; on les rompt en morceaux gros comme le poing, afin de les repasser une autre fois à la liquation, que l'on nomme *liquation pauvre*. L'œuvre qui coule de ce cuivre tient douze, seize jusqu'à dix-huit lots d'argent.

Remarque. Les charbons qui sont trop durs ne conviennent pas pour cette opération, parcequ'ils sont trop long-temps au feu ; ce qui donne occasion à une portion de plomb d'œuvre de se scorifier (*).

Les *éponges* de cuivre dont nous parlons, tiennent encore une portion re-

____

(*) Tous les Métallurgistes ne conviendront point de cela avec M. Cancrinus ; au contraire il y en a beaucoup qui sont persuadés que plus le charbon se soutient de temps au feu, meilleur il est pour cette opération. M. Cancrinus semblerait même le confirmer lorsqu'il indique de mettre des bûches dans le cendrier.

marquable d'argent , souvent huit jusqu'à douze lots au quintal. Pour les repasser une seconde fois à la *liquation* ,
on en pese comme ci-devant , &c. &
on y ajoute 4 & ¼ ou 5 livres de plomb
par chaque demi-lot d'argent qu'elles
contiennent : on opere pour le reste
ainsi qu'il a été expliqué précédemment.

On peut faire la liquation de ces gâteaux avec bien plus d'avantage & de
profit , en se servant d'une autre espece
de fourneau , où au lieu de brûler du
charbon , on employe du bois. Je vais
donner une courte description de ce
fourneau , de l'usage duquel je me suis
si bien trouvé. On construit ce fourneau
comme si on voulait faire un fourneau
de ressuage de cuivre ordinaire , & tel
que Schlüter le décrit chap. 17 , & le
représente sur la table 50°. On y fait
4 places ou *ruelles* pour y mettre 4 rangées de pains de liquation : on conduit
ces murs de ruelles jusqu'au haut de la
voûte , ou , pour mieux dire , on les
couvre d'une voûte , observant qu'elle
ne soit pas plus haute qu'il ne faut pour
couvrir les pains de *liquation* ordinaires.

Devant chacune de ces ruelles on pratique un bassin de réception. A un des côtés de ce fourneau on construit une *chauffe* comme à un fourneau de coupellage , de maniere que la flamme puisse venir réverbérer facilement sur les pains de liquation. Mais pour que la flamme ne se perde pas & soit obligée de jouer dans le fourneau , on construit en face de la chauffe une muraille , allant de haut en bas , qui laisse l'espace nécessaire pour agir dans le fourneau. On place soixante gâteaux dans ce fourneau , de telle maniere qu'ils forment quatre rangs , & garnissent en nombre égal les quatre *ruelles.* Dès que cela est fait , on ferme l'ouverture avec des briques & de la terre , & on commence à faire du feu dans la chauffe avec des fagots , qu'on augmente peu-à-peu. La *liquation* étant *en train* , on enleve l'œuvre à mesure qu'il coule dans les bassins de réception. Lorsqu'elle approche de sa fin , on augmente quelque peu le feu , afin d'emporter le plus qu'on peut de l'œuvre. Après quoi on prend les *éponges* pour les mettre sur le fourneau de ressuage.

Remarque. On connaît fuffifamment l'é-
pargne qu'on fait en fe fervant ici des fagots
à la place du bois & du charbon : auffi cette
maniere de faire la liquation a-t-elle un grand
avantage fur celle que l'on fait fur un petit
fourneau de liquation avec du charbon.

Après avoir enfeigné la maniere de
faire la liquation que les Allemands
nomment riche, nous indiquerons celle
par laquelle on fait celle qu'on nomme pauvre. Celle-ci fe fait avec des
cuivres qui ne tiennent que 8 ou 9 lots
d'argent, à laquelle on employe un
plomb d'œuvre pauvre. Sur 81 livres
de ce cuivre on y met 1 & 1 $\frac{1}{2}$ ou 2
quintaux de ce plomb d'œuvre. On
fond le tout felon la maniere indiquée
ci devant : on foumet enfuite cette
compofition à la *liquation*, ainfi que
nous l'avons dit. Les éponges qui en
proviennent font foumifes de nouveau
à une liquation pauvre : le plomb d'œuvre qui en provient, fert à être repaffé
en liquation avec de nouveau cuivre,
ainfi que nous venons de l'indiquer;
après quoi les éponges font deftinées à
être raffinées en cuivre.

Remarques. Lorſque les plombs d'œuvre ſont trop pauvres pour mériter d'être coupellés , on les employe à la liquation , ſoit pauvre, ſoit riche ; tels ſont quelques uns qu'on obtient de la fonte des mines, & ceux qu'on obtient de la liquation des cuivres pauvres. Par-là on épargne beaucoup, tant en bois qu'en plomb ; *car ce plomb eſt tout auſſi capable d'emporter l'argent d'autre cuivre , que s'il ne tenait pas de l'argent lui-même.*

Il en eſt de même pour les cuivres pauvres : lorſqu'ils ne tiennent que quatre juſqu'à ſix lots d'argent, on les ſoumet à la liquation ; mais le plomb d'œuvre qui en provient eſt deſtiné à une autre liquation pour l'*enrichir :* *par-là on le met en état de donner un coupellage riche.*

Lorſqu'enfin il ne reſte que peu d'argent dans les *éponges* de cuivre , comme 3 ou 4 lots , il eſt ſouvent plus avantageux de ne pas les repaſſer à la liquation , mais de les mettre tout de ſuite dans le fourneau de reſſuage , par où l'on obtient ce que l'on peut du plomb d'œuvre qu'elles contiennent , & le reſte demeure dans les ſcories qui ſont deſtinées à être employées dans les fontes du cuivre noir.

On peut auſſi ſoumettre à la liquation les régules ou combinaiſon de l'arſenic avec l'argent & le cuivre, qui ſe montrent dans les mattes que les Allemands nomment *ſpeis,* ſi on veut faire la dépenſe de les griller comme les mattes ; mais comme ils n'exigent pas un ſi grand degré de chaleur dans la liquation, & que les pains de liquation qui en proviennent , ne

peuvent pas se soutenir droits sur le fourneau
aussi facilement que les gâteaux de liquation
ordinaires, il est aussi nécessaire de ménager
un peu plus le feu & de ne pas donner une si
grande chaleur, sans quoi on risquerait de voir
couler la matiere elle-même. Il est vrai qu'on
peut agir tout aussi bien en les employant peu-
à-peu dans les fontes pour la composition des
gâteaux de liquation ordinaire ; ou, lorsqu'ils
ne contiennent que 4 lots d'argent, les mettre aussi peu-à-peu avec les éponges de cuivre
dans le fourneau pour leur faire subir en même temps le ressuage.

Section IV.

Du Ressuage du cuivre.

Le fourneau de ressuage que je regarde comme le meilleur, est semblable à celui que nous avons indiqué pour
faire la liquation à la flamme, excepté
qu'il ne doit point être dirigé comme
pour la liquation : il ne doit avoir ni
chauffe ni bassin de réception ; sa voûte
ne doit avoir que deux pieds de hauteur, afin que l'on puisse dans le besoin faire le ressuage avec des fagots ;
mais il doit être aussi pourvu de compartiments ou ruelles. On y met deux
ou trois quintaux d'éponge de cuivre,

felon qu'il eft pourvu plus ou moins de compartiments ; après quoi on le mu-raille. Enfuite on commence par faire du feu dans les compartiments avec du bois ou avec des fagots , qu'on aug-mente toujours de plus en plus , mais non pas au point de faire couler le cui-vre.

Lorfque le reffuage a duré dix-huit ou vingt-quatre heures , on ouvre le fourneau , & on enleve les maffes de cuivre que l'on éteint dans de l'eau ; ces cuivres alors font deftinés à être raffinés.

Remarques. Que de ce reffuage en grand on n'ait pas plus d'avantage que d'un petit de vingt-quatre à trente quintaux , c'eft ce qui eft aifé à comprendre. Il eft vrai que les petits avantages qu'on retire en général de cette opé-ration font affez connus (*).

Les parties *d'œuvre* qu'on obtient du *reffuage* étant prefque fcoriées , font fondues avec d'autres fcories , conte-

---

(*) C'eft auffi la raifon pourquoi en bien des endroits , comme à Sainte-Marie , le ref-fuage n'eft plus pratiqué ; car on y a obfervé que la dépenfe que l'on faifait pour cela équi-valait au profit.

nant auſſi de l'argent , du cuivre & du
plomb. En quelques endroits , on en
fait une fonte particuliere qu'on déſigne ſous le nom de *fonte des craſſes*. On
ſe ſert pour cela d'un fourneau haut,
comme ceux du pays de Mansfeld ,
pourvu d'une poitrine & d'un baſſin de
réception , ou d'un pareil à celui dont
nous avons fait mention ci-devant, pour
fondre la *compoſition* pour la liquation,
on ajuſte à un tel fourneau une braſque
faite avec une partie d'argille & une
partie de charbon ; on y poſe la tuyere
à ſix ou huit pouces de hauteur. On
remplit le fourneau de charbon , & on
y jette de temps en temps des ſcories.
Tandis qu'on diſpoſe ainſi le fourneau,
on fait le mêlange pour la fonte ; on
aſſemble pêle-mêle toutes ces ſortes de
parties ſcoriées ou craſſes : on en fait
un tas particulier auquel on ajoute de
la litharge, c'eſt-à-dire, les $\frac{2}{3}$ de litharge
ordinaire & un tiers de litharge de cou-
pelle , par où l'on a à-peu-près les trois
quarts & même un quintal de plomb.
Le mêlange étant fait, on donne au
fourneau de nouveaux charbons , en
même temps on y ajoute deux ou trois

palettes de cette *disposition.* On agit
pour le reste ainsi qu'il a été dit précédemment.

Remarques. L'œuvre qui tombe dans cette
fonte n'est pas plus riche ordinairement que de
quatre à cinq lots d'argent, c'est pourquoi
on l'employe avec d'autre cuivre pour les
passer ensemble à la *liquation* ; mais lorsqu'il
est beaucoup plus riche, on peut en obtenir
l'argent directement avec avantage par la *coupellation.*

Il est fort important que pendant qu'on fait
cette fonte, ainsi que celle pour la composition, on ait un fourneau qui aille au moyen
des premiers gâteaux de la fonte ; car si on
voit que le plomb est trop pauvre, on enri-
chit davantage la composition. Est-il au contraire trop riche, on la désenrichit en l'éten-
dant davantage (*).

(*) Cette précaution ne paraîtra pas de
grande importance à tous les Métallurgistes,
qui trouvent plus expédient de tirer le plomb
d'œuvre des gâteaux de *liquation*, tel qu'il
soit, & de le repasser ensuite avec d'autre
cuivre pour l'enrichir davantage, si on ne le
trouve pas propre à subir l'opération de la
coupellation.

Section V.

De la Coupellation, ou Scorification du plomb pour en obtenir l'argent.

Le fourneau de coupellation, que je regarde comme le meilleur, est celui que Schlüter décrit, chapitre 14, page 120, & qu'il représente sur la planche 44ᵉ. Mais pour l'épargne du bois & du temps, j'observerai encore ici, 1°. qu'au lieu de donner à ce fourneau sept pieds de diametre, je conseillerai de lui donner neuf pieds ; 2°. au lieu de faire la coupelle ou le sol de quatre ou six pouces d'épaisseur, la faire de neuf jusqu'à douze pouces ; 3°. d'avoir les soufflets à deux pieds & demi de distance l'un de l'autre (*), & leur tuyere placée à deux pouces au-dessus du plomb d'œuvre ; 4°. de faire une petite muraille de séparation sur l'ouverture par où coule la litharge,

---

(*) Plus il y a de distance entre les soufflets, plus les vents qu'ils poussent dans le fourneau se croisent.

afin

afin que l'ouvrier ne soit pas trop exposé à la chaleur ; & 3°. pour l'épargne
du bois je recommande que le chapeau
ou la voûte du fourneau ne soit pas
trop haut ou trop convexe, mais le plus
plat possible. Pour faire la coupellation,
on s'y prend de cette maniere.

Ayant fait un sol ou coupelle qui ait
six ou huit pouces vers les extrémités,
& neuf à douze vers le milieu, on l'é-
chauffe quelque peu & on met quelques charbons dans la rigole par où
doit couler la litharge ; on les y laisse
brûler. Lorsque cela est fait, on étend
sur la coupelle quatre-vingts ou cent
quintaux d'œuvre, & on commence à
mettre dans la chauffe quelques fagots ;
on augmente le feu peu-à-peu jusqu'à
ce que l'œuvre soit entiérement fondu ; alors avec un rable de bois on écu-
me bien la surface, & on emporte les
crasses que les Allemands nomment
abzug. Lorsque l'œuvre est chaud, on
commence à faire jouer les soufflets ;
& lorsque la litharge paraît à la surface, on la fait couler dans un petit
creux qu'on pratique devant la sortie.
Mais lorsqu'il paraît une litharge épais-

se , & qui ne veut point couler , que les Allemands nomment *abstrich* , on la fait couler avec le rable ou le crochet. On laisse l'œuvre se recouvrir de litharge , qui est pour lors transparente , laquelle on fait couler comme la premiere ; mais il ne faut pas découvrir entiérement l'œuvre , & ne pas épuiser le petit creux , crainte qu'il ne se dissipe trop de plomb : mais ici on laisse refroidir un peu l'œuvre ; & lorsqu'il a acquis une croûte , on met quelques quintaux d'autre œuvre à l'entrée du fourneau ; lorsqu'il est fondu & mêlé avec l'autre , on refait le feu fort. Quand la coupellation est en bon train , & que l'œuvre est couvert entiérement de litharge , on en fait couler à-peu près la moitié : on continue ainsi qu'il vient d'être dit, en y faisant entrer peu-à-peu jusqu'à cent quatre-vingts, 200 quintaux d'œuvre. Enfin , quand le plomb est consommé , & que le gâteau d'argent se couvre de rayons blancs , & qu'il est sur le point de faire l'*éclair* , on augmente considérablement le feu , afin d'avoir le gâteau le plus pur possible.

Dès que l'éclair est parti, on ouvre toutes les ouvertures du fourneau, on abandonne la chauffe, & on éteint le gâteau avec de l'eau qu'on fait couler dessus ; après quoi on enleve le gâteau, qu'on bat & qu'on frotte ensuite dans l'eau.

Remarques. Lorsque le sol de la coupelle diminue beaucoup, on place un morceau d'un ancien sol de coupelle à l'endroit où les soufflets portent, afin de parer & de conserver le nouveau sol.

Pour faire couler la litharge facilement, on met une bûche ou fagot sur la rigole.

S'il arrivait que l'œuvre vînt lui-même avec la litharge, il faudrait boucher la communication du creux à la rigole.

Plus la coupellation va froidement, mieux elle se fait, c'est-à-dire, moins *il reste d'argent dans la litharge*, & plus on épargne de plomb, *qui se dissipe lorsque la scorification est poussée fortement.* Dans le cas dont nous parlons, on a de plus l'avantage d'avoir la litharge rouge, qui dans cet état se peut vendre, *si on ne veut pas la rétablir en plomb.*

En bien des endroits on est dans l'habitude de ne coupeller à la fois que trente à quarante ou 60 quintaux d'œuvre : mais comme l'expérience montre qu'on a plus d'avantage à faire des coupellages de cent quatre-vingts à deux cents quintaux, puisque par-là on épargne non seulement les répétitions de sols, les journées d'ouvriers & le chauffage, mais encore le plomb, je ne balancerai pas à préférer cette derniere méthode.

Lorfqu'après l'*éclair* on foutient encore le feu un peu fort, on peut porter l'argent à quatorze ou quinze lots de fin : mais ceux qui voudront raffiner cet argent, peuvent y parvenir par le moyen que Schlüter indique dans fon Art docimaftique, ou felon d'autres méthodes connues.

Section VI.

Du Raffinage du Cuivre.

Enfin nous venons au but qui fait le principal fujet de cette Differtation. Le raffinage du cuivre fe fait communément fur un petit fourneau que les Allemands nomment *Garrherde*, où l'on ne met à la fois qu'un & demi jufqu'à deux quintaux de cuivre. Mais cette méthode, outre qu'elle eft trop difpendieufe, exige trop de temps ; c'eft pourquoi je vais tracer à mon Lecteur une méthode plus facile & plus courte, dans laquelle on fe fert d'un fourneau tout-à-fait femblable à celui de la coupellation, décrit ci-devant. Cette méthode eft, à la vérité, connue

en quelques endroits, mais elle n'y est
pas toujours employée de la manière
la plus avantageuse & la plus commode (*). Au lieu de faire à ce fourneau un sol de coupelle, il faut y poser
une brasque faite de deux parties d'argille, d'une partie de poudre de charbon, & d'un dixieme de sable de riviere ou de cailloux calcinés, afin qu'elle
soit très réfractaire. On taille devant
cette brasque un grand bassin de réception, dans lequel puissent entrer trente
ou quarante quintaux de cuivre.

On commence par échauffer ce fourneau pour endurcir la brasque ; après
quoi on y met quarante jusqu'à cinquante quintaux de cuivre noir, & on
fait du feu dans la chauffe avec des fagots; d'abord peu, mais que l'on augmente peu-à-peu jusqu'à ce que le cui-

---

(*) A Sainte-Marie aux-Mines on se sert
pour cette opération du fourneau de réverbere ; à la Seigeritz en Saxe, d'un grand fourneau
tout à-fait semblable au fourneau de réverbere. Dans l'un & l'autre lieu on fait le raffinage
aussi parfaitement, & même mieux que par la
méthode de l'Auteur, par laquelle on ne donne
pas à beaucoup près autant de chaleur.

vre paraisse d'un rouge blanc, ou qu'il
commence à se fondre : alors on leve
l'écluse pour faire aller les soufflets, &
on va toujours en augmentant le feu,
jusqu'à ce que le fourneau paraisse d'un
rouge blanc, & que l'on ait excité le
plus haut point de chaleur possible. Le
cuivre étant en parfaite fusion, & re-
couvert par une croûte de scorie, on le
députe, en faisant couler cette scorie,
ainsi que nous avons vu qu'on le fait
dans la *coupellation*. On soutient ainsi
ce travail pendant 12, 18 jusqu'à 24
heures, selon au reste que le cuivre est
de plus ou moins bonne qualité, &
jusqu'à ce que les scories paraissent rouges & que la flamme paraisse verte.
D'ailleurs, on prend un essai du cuivre
avec le ringard à crochet : si le cuivre qui
s'y attache paraît uni, & qu'il soit d'un
beau rouge de cire d'Espagne, il faut
aussi-tôt faire couler le cuivre dans le
bassin de réception. Au contraire, le cuivre paraît-il encore cru dans la fracture,
blanc, gris, ou d'un jaune brillant,
avec des facettes micacées, on doit encore soutenir quelque temps le raffinage, & jusqu'à ce que l'essai qu'on

en prend paraisse de bonne qualité. Si
on a encore d'autre cuivre à raffiner,
on peut le mettre dans le fourneau
aussi tôt qu'on en a fait sortir celui-
ci ; ce que l'on peut répéter deux ou
trois fois encore, selon au reste que
le cuivre est de plus ou moins bonne
qualité, c'est-à dire, qu'il scorifie plus
ou moins vite la brasque (*).

Remarques. On peut ajouter à la quantité
de cuivre indiquée, lorsqu'elle est fondue,
encore dix quintaux, pour raffiner en une seule
fois plus de cuivre.

La maniere de souffler ici doit être, à la vérité, la même que dans la coupellation : néanmoins nous ferons observer que, lorsque le
vent porte dans le milieu ou dans la profondeur du sol, il occasionne trop de froid ; & lorsqu'au contraire il porte trop haut, & que le
vent coule à la surface du cuivre, il occasionne
trop de chaleur. La regle que nous pouvons
établir ici, est que lorsque le cuivre est fort
fusible, on doit diriger le vent un peu plus bas
que lorsqu'il est réfractaire ou de difficile fusion.

____

(*) En effet quand les cuivres sont unis avec
beaucoup d'arsenic, il est rare que l'on puisse
faire dans un pareil fourneau plus d'un raffinage avec la quantité de cuivre indiquée ici.

Nous ferons remarquer que les cuivres qui proviennent des cuivres noirs qui ont subi l'opération de la liquation , se distinguent toujours de ceux qui ne l'ont pas subi , en ce qu'ils sont toujours plus arsenicaux , & qu'ils sont moins malléables. Les premiers proviennent des mines d'argent blanches ou fahlerz , & les autres des mines de cuivre jaunes , des mines azurées & vertes , ou des chytes (*).

Les scories qui proviennent du raffinage du cuivre contiennent toujours une portion assez remarquable de cuivre ; si on en veut tirer parti , on les grille deux ou trois fois , & on les fond ensuite. Les scories qui proviennent de cette fonte sont mêlées parmi les grillages (**) , afin de ne rien perdre. On peut aussi mêler les scories du raffinage du cuivre dans le grillage des mattes cuivreuses , pour s'épargner la peine d'un travail particulier , ou les ajouter à la *disposition* pour la fonte des mattes (***).

(*) C'est ce qui fait la preuve de ce que nous avons avancé plusieurs fois , qu'il n'existe point d'arsenic dans les mines de cuivre jaunes , ou les mines de cuivre proprement dites , tandis qu'il en existe toujours dans celles où se trouve en même temps de l'argent.

(**) Il faut entendre ici sans doute une espece de matte.

(***) C'est aussi le parti que l'on prend dans toutes les fonderies où j'ai été , au lieu de les griller comme le dit l'Auteur. J'ose même

Quant à la maniere de raffiner le cuivre selon l'ancienne méthode, c'est-à-dire, par le
petit fourneau, on trouve dans Schlüter des
détails suffisants pour cela.

---

assurer que c'est le meilleur moyen, à moins
cependant que les scories ne soient unies à une
trop grande quantité d'arsenic; encore par-
vient-on à mieux chasser cet arsenic à coups
de soufflets pendant le raffinage même, que
par tous les grillages possibles.

AVERTISSEMENT.

QUOIQU'ON *puisse dire, avec raison, que la Differtation dont nous venons d'expofer la Traduction, eft ex-
cellente, je ne faurais nier qu'elle n'ait
fes défauts comme les autres Ouvrages :
elle peche fur-tout par des omiffions, des
répétitions, ou des récits inutiles, ou
que tout le monde connaît. Ayant à traiter, le plus amplement qu'il me fera poffible, les mêmes objets dans mes Eléments de Métallurgie, je n'ai pas cru
devoir remédier aux premiers défauts,
excepté par quelques notes que j'ai ré-*

pandues çà & là ; mais pour les autres je n'ai pas fait difficulté d'y remédier. J'ai retranché sur-tout ce qui m'a paru faux, ou mal vu : tel est ce que l'Auteur expose sur la mine de nickel, qu'il regarde comme une mine de cuivre ; tandis que tous ceux qui s'occupent de la minéralogie en Allemagne savent qu'il n'existe pas la moindre partie de cuivre dans cette mine, & qu'elle contient un sémi-métal particulier ; ce dont l'Auteur pouvait si aisément être instruit par Messieurs les Minéralogistes de Freyberg, sur-tout par M. Pabst d'Ohain, qui communique son savoir avec tant de complaisance, qu'on pourrait presque l'accuser d'avoir voulu s'en tenir absolument aux vieilles idées. Il y a quelques passages que j'ai cru devoir abréger, ou dans lesquels j'ai cru devoir substituer mes propres expressions à celles de l'Auteur : on les reconnaîtra par les lettres italiques, dont j'ai cru devoir les distinguer du texte pur de l'Auteur. Au reste, j'espere que nos Minéralogistes Français reconnaîtront dans M. Cancrinus un excellent Praticien dans la Métallurgie. M. Cancrinus s'est fait encore connaître en Allemagne par une Descrip-

tion très étendue des mines du Hartz &
de Saxe, qui forme un volume in 4°.
avec des planches.

F I N.

E R R A T A.

PAGE 25, *ligne* 26, Pabst de Chain,
lisez Pabst d'Ohain.

Page 54, *derniere ligne*, réguliere, *lisez* irré-
guliere.

Page 154, *ligne* 23, quant à la fracture, *lisez*
quant à la structure.

Page 193, *ligne* 15, tapisé, *lisez* tapissées.

Page 210, dans la note, *ligne* 11, dans l'exploitation, *lisez* dans les exploitations.

Page 224, *ligne* 7, mais il s'y trouve quelque
partie de mine de cuivre ou d'argent grise
qui se rassemble, *lisez* mais il s'y trouve
quelques parties de mine de cuivre ou d'argent grise qui se rassemblent.

Page 281, *lig.* 11, une matte, *lis.* une mine.

Page 284, *ligne* 20, flgüenfüttige, impression étoilée, lisez *flügenfütiche*, impressions
ailées.

Page 286, *ligne* 19, en ce qu'elle est plus
compacte que de la terre, *lisez* en ce qu'elle
est aussi peu compacte que de la terre.

Page 287, dans la seconde note, *lig.* 2, & n'en
different, *lisez* ne different.

396

Page 288, *ligne* 11, fahlsererz, *lisez* fahlerz.
Page 294, *liquider*, lisez *liquide*.
Page 303, *ligne* 15, eberfeeh, lisez *leberschelag*.
Page 315, *ligne* 11, mais les parties, *lisez* mais ces parties.
Page 325, *prem. ligne*, quatre fois du même plomb, *lisez* quatre fois autant du même plomb.
Page 326, dans la premiere note, *lig.* 6, qu'on l'y prenne, *lisez* qu'on s'y prenne.
Page 327, *lig.* 10, l'argent qu'on obtient dans la plupart de ces mines, *lisez* l'argent qu'on obtient de la plupart de ces mines.
Page 330, *ligne* 5, qui sont lavées, *lisez* qui est lavée.
Page 331, *prem. ligne*, ou qui reste en arriere, *lisez* ou qui restent en arriere.
Page 338, *ligne* 14, je les, *lisez* je ne le.